互聯網
新物種
新邏輯

陸新之 著

飯店餐飲管理

目錄

目錄

上篇　「互聯網＋」進行時

方興未艾的人工智慧 6
「雙十一」貌似已經老了 11
潛滋暗長的眾籌 16
老微博的新使命 21
電商網站＋線下書店 27
互聯網時代快遞企業趕緊上市 31
互聯網＋家居業帶來的變化 37
互聯網＋婚戀：世紀佳緣牽手百合網 42
互聯網＋運動服裝：李寧需要「吳秀波化」 46
新玩意 3D 列印怎麼玩？ 51
電商上市衝擊波 55
　　京東上市：難做的好生意 55
　　阿里巴巴的香港心與美國夢 58
　　阿里的一小步，中國公司的一大步 60
微信紅包引發支付變局 65
15 歲維基百科的成長煩惱 70
互聯網餐飲案例：西少爺肉夾饃內閧 75
來去匆匆的比特幣 81
互聯網時代體育這樣玩 86
　　體育市場規模暴漲 7 兆元，火從哪裡來？ 86
　　虛擬實境（VR）將會給體育行業帶來怎樣的變化 91
　　體育電影產業的藍海 92
　　論網紅 Papi 醬背後的怪誕行為學 93
　　深刻思考，洞察體驗時代的商機 96
　　體育創業中的共享經濟與共情主義 98

目錄

當體育撞見房地產及其他，怎麼找商機 101
體育創業的幾個選擇題 106
G 點的特徵一，創新在於找無！ 109
G 點的特徵二，創業在於找新場景的決定權 110
G 點的特徵三，創新在於找創造場景的能力！ 110
做一個有思想執行力的人 112

下篇　移動互聯網時代的各種嘗試

中國電影公司對接好萊塢有錢人 116
首富更迭折射中國經濟變化 120
曾經起舞的「大象」IBM 如何轉型 125
分拆「恐龍」——惠普 131
三星手機為何遭遇滑鐵盧 136
全球餐飲巨頭百勝集團在中國業績下滑 141
足協單飛，中國足球有望活出真我 146
迪士尼的布局與運作 151

上篇 「互聯網+」進行時

方興未艾的人工智慧

近期，人工智慧成為一個互聯網熱詞。從科幻熱門電影《星際效應》裡的機器人塔斯和凱斯、歌星求婚的無人飛機，到大慈善家曹德旺的玻璃廠裡面忙碌的「機械臂」，再到中國全國政協委員的「中國大腦」提案，其實都與人工智慧密切相關。

人工智慧（Artificial Intelligence），英文縮寫為 AI。它是研究、開發用於模擬、延伸和擴展人的智慧的理論、方法、技術及應用系統的一門新的技術科學。人工智慧是對人的意識、思維的資訊過程的模擬。人工智慧不是人的智慧，但能像人那樣思考，而且從目前趨勢來說，肯定可以超過人的智慧。總的說來，人工智慧研究的一個主要目標是使機器能夠勝任一些通常需要人類智慧才能完成的複雜工作。但不同的時代、不同的人對這種「複雜工作」的理解大為不同。未來，人工智慧將會前所未有地滲透到社會的各個層面。

近期，有關人工智慧的新聞越來越多。最容易讓大家習以為常的人工智慧應用新聞是專業媒體嘗試由機器自動寫作股票投資報告，而避險基金則爭取讓機器人取代股票分析師，在資本市場中尋求最佳的投資組合，以提升公司的投資效益。

據瞭解，很多投資機構都在運用人工智慧進行證券投資。這些人工智慧系統構建了學習機制和知識庫，因此，具備了一定的學習、推理以及進行決策的能力。這樣一來，傳統的投資策略生產模式將被顛覆，大部分分析師的工作都可以被人工智慧取代，而且可能做得更好。事實上，用電腦代替人腦進行思考判斷，在股市下單，這個想法早已有之。1980 年代的華爾街就已經不斷有機構嘗試。只是那時候的交易設計比較簡單，所以效果不佳。1987 年股災的原因之一就是各家機構的交易系統因為技術指標轉壞，觸發了集體的拋出指令，引發了連鎖反應。而今天的硬體設施與軟體系統已經比起 30 年前突飛猛進，連投資這樣高風險的業務都可以讓人工智慧來完成，在傳統製造業與服務業方面，人工智慧可以做到的事情就更多。隨著近幾年大數據技術和機器學習技術的廣泛應用，人工智慧已經具備了超越設計開發者的認知

和視野的能力。它們可以「貢獻」新的認知，不僅會執行指令，還能自己想出很多主意，這就是今天的人工智慧比起以往時代的機器人都要能幹與可怕之處。

當然，與人工智慧有關的不一定都是好消息。道高一尺魔高一丈。大科學家史蒂芬‧霍金、微軟創辦人比爾‧蓋茲等人都提出警告。他們認為今天的人類正站在人工智慧變革的邊緣，這次變革將和人類的出現一樣意義重大，而人工智慧將來有可能成為毀滅人類的力量。這種擔心不無道理。許多科幻小說裡面都提到過類似的情節——一臺或者一批自我學習能力極強，與人類比起來，幾乎不會犯錯的電腦，最後成為終極的大BOSS，要操縱人類社會。不過，在這一切發生之前，我們優先考慮的還是如何利用人工智慧產業化，實現對社會的正向價值。

產業趨勢方面，手機等移動終端的競爭已經到了白熱化，成為最深顏色的紅海。即使是一直領先的蘋果公司，優勢也沒有以前那麼明顯。有人預言，當蘋果出到8s版本的時候，就已經不會再有傳統意義上的手機了。可穿戴設備的研發與投資很多，這類產品，原本可以解放人類的雙手與十指，有足夠想像空間，但是幾年來，這個行業的實踐者，始終沒有推出真正打動用戶的「殺手」級產品。在用戶體驗方面，並沒有出現極致快感的產品。同時，留給可穿戴設備的時間已經不多了。因為隨著人工智慧的發展，未來很可能會出現更加微型的設備，甚至可以直接植入人的身體。就像一臺智慧手機，代替了MP3、相機、錄影設備與電話，未來高度的人工智慧產品，很可能收割之前各項數位產品的光榮。也就是說，人工智慧將會出現數兆美元的大市場。所謂的移動互聯網時代，比起傳統個人電腦互聯網時代的市場規模要大十倍，而移動互聯網的真正全面鋪開，將不僅僅是手機或者可穿戴設備，更多是由各種形式的人工智慧產品來實現。

在人工智慧這個範疇，中國並沒缺席。文獻記載中，最早關於機器人的記錄出自《列子‧湯問》，其中的周穆王見到的巧匠偃師製造的「木甲藝伶」就是這樣的。至於諸葛亮的木牛流馬與唐朝的木頭仕女的傳說，也可見先民們對於人工智慧的美好想像。今天在人工智慧方面，中國整體的進展不算落

後，不缺突出的單個項目與國際水準的優秀人才，但是往往陷入各自為戰與分割推進，效率低，成果少。概而言之，真正缺乏的是人工智慧領域的整合與布局。在2015年3月同期召開的「中國全國人民代表大會會議」和「中國人民政治協商會議全國委員會會議」上，百度創辦人李彥宏提出的「中國大腦」計劃非常有針對性。他的提議，其實是建設一個「人工智慧的基礎設施」，即以智慧醫療診斷、智慧無人飛機、軍事和民用機器人技術等為重要研究領域，建立相應的伺服器叢集，支持有能力的企業架設人工智慧基礎資源和公共服務平臺，然後開放給社會各個層面，包括科學研究機構、公司，甚至是創業者，讓公眾能夠方便地在這個大平臺上進行各種各樣的嘗試和創新。這是非常有想像力和實用價值的一步，如果能夠實現，將能夠迅速趕上人工智慧的最新趨勢，不僅能夠帶動整個國家創新能力的提升，並可確實高效率地實現多種創新能力。更重要的是對於社會來說，這意味著在未來十年到二十年，將會貢獻出許多新的就業機會與永續的綠色經濟增長點。

另外，在2015的博鰲亞洲論壇上，李彥宏、比爾‧蓋茲、特斯拉首席執行長馬斯克這三位大人物進行了深入對話，他們對人工智慧高度關注。

目前，李彥宏正在帶領百度的研發人員全力進軍人工智慧領域。為此，他們成立了百度青年科學家「少帥計劃」，全面發力智慧語音、圖像識別、百度大腦等人工智慧領域業務，加之2014年，Google首席深度學習科學家吳恩達加盟百度，這讓百度在人工智慧方面的投資成為中國國內行業的翹楚。比爾‧蓋茲此前也曾說過，如果自己退休後不是做慈善就一定會帶領微軟的團隊去做人工智慧。2014年4月，微軟公司也推出了人工智慧系統Adam，並以此向Google的人工智慧技術發起挑戰，欲藉人工智慧在未來重回巔峰。而特斯拉首席執行長馬斯克在此前提出過「惡魔人工智慧」論，擔心人工智慧帶來毀滅。這表示，馬斯克認為未來人工智慧的功能會很強大。

在這次博鰲論壇上，李彥宏認為將來會有更多的公司投入到人工智慧領域，而馬斯克則表示自己不反對人工智慧的進步和發展。他認為這個技術是很有發展前景的，但應該進行必要的安全控制。蓋茲也對人工智慧十分贊成。

大人物們為何都對人工智慧技術寄於厚望？這背後所體現出的邏輯是什麼？

1. 大數據時代，離不開人工智慧

近年，人工智慧之所以被推上風口浪尖，是因為，一方面人工智慧自身的技術發展得到了一定的突破，另一方面，在大數據時代，大量的數據產生。而如何讓這些數據得到合理的利用，並將其成功地轉變成商品，這是所有行業所面臨的重任。當務之急，正如馬雲所說，「我們正在從 IT 時代過渡到 DT 時代」，在這個全新的時代，我們將會面臨全新的挑戰。

而人工智慧此時則能突顯其重要作用。它除了能為用戶提供所需要的結果之外，還能直接進行更多的決策，當人工智慧技術的發展越來越全面，那麼其可能為人們提供的決策將會越多，被授予的權限也將更大。而人類將不須再去處理眾多艱難的決策，從而去應對更多其他的事情。

小米公司董事長雷軍曾經說過，如果小米公司在未來不能夠將用戶的數據轉化為商業價值，不能成為一家大數據公司的話，那麼小米的命運就不會掌握在自己的手裡，而且還會面臨巨額虧損。同時，阿里巴巴集團公開了其神祕的數據科學與技術研究院（IDST），表面看，他們都是為了布局大數據，其實，要利用好大數據，則要依靠人工智慧。

2. 物聯網的升級離不開人工智慧

未來，一切都將聯網，人與人的連接正在加入人與物的連接，而下一步就是物與物的連接。比如自動駕駛汽車走上公路，就需要公路監視系統，自動駕駛汽車的聯網，等等，而控制並協調這一切的則只能是人工智慧，人工智慧將會實現自動調配，處理各種意外突發事件，等等，如果沒有人工智慧，那麼自動駕駛完全是空談。

馬斯克的特斯拉，其最終的發展趨勢是自動駕駛，而且 Google、百度等巨頭都在嘗試這一領域，所以馬斯克的「惡魔人工智慧」論無疑是被媒體炒作的結果，實際上馬斯克是最為需要人工智慧的。

除了自動駕駛汽車這一案例外,今後的萬物聯網還將包括各種器物,包括冰箱、洗衣機、水杯等一切,這些物聯網產品將全方位地監控你的行程以及健康,而此時要從這些數據中產生價值,為你提供更有效率的服務,更健康的決策,就註定無法離開人工智慧。

▍「雙十一」貌似已經老了

從 2009 年第一個「雙十一」購物節開始，原本平凡的「雙十一」成為一年一度頗為火爆的電商購物節，並且「雙十一」的購物氛圍和理念也已逐漸被廣大民眾所接受和喜愛。線上交易量也是屢創新高。2015 年「雙十一」當天，天貓總交易額達 912 億元，創造了七屆「雙十一」以來的歷史新高。

在這七屆「雙十一」購物節中，特別值得解讀的是 2014 年的「雙十一」。這是阿里巴巴 2014 年 9 月在上市後最為關鍵的一天。這一屆「雙十一」，阿里巴巴旗下的天貓創下 571.1 億元的成交額，同比增長 59%；其中移動端消費 243.3 億元，占比 42.6%。訂單總量 2.79 億。參與交易的國家和地區超過 240 個。相關數據再次刷新了單一電商平臺單日交易的世界紀錄，隨之而來的各種解讀自然是鋪天蓋地。但是，這一系列爆發性增長的數據後面，隱約可以看到種種跡象，那就是「雙十一」在 2014 年出現了一個不明顯拐點，這個拐點，不是數量上的拐點，而是消費心理與商業文化的一個大轉折。

「雙十一」這一天瘋狂打折的這種做法，在中國零售業的近 30 年歷史中，不斷上演。其表象與實質，都是價格戰。我們在商業歷史上可以看到，價格戰從來都只是一時一地的戰術手段，而不會成為主流的商業模式。

對於積極參與「雙十一」的朋友，在午夜倒數等著購物車裡面的東西下單的時候，他們是很快樂的。尤其是自己搶到了心儀打折的東西，而想到別人的購物車收藏在一分鐘之內變成灰色的時候，網購者甚至會產生一些競技勝利的快感。但是，當第二天醒來或者收到快遞的時候，他們因為打折所產生的滿足感越來越低。如果說，前兩年消費者在「雙十一」網購會感到特別快樂，覺得自己賺了很大的便宜，但 2014 年這種感覺已經大大弱化了。

事實上，當人們的收入水準到了一定程度，尤其是他們經歷越來越多重複價格戰的電商活動日之後，價格降低這種體驗所帶來的滿足感邊際效應急速遞減。天貓的用戶已經越來越擴散到三四線，甚至是四五線城市的時候，連海外購買也成為了對 571 億元做出貢獻的時候，我們可以大膽預測，以天

貓「雙十一」造節為代表的中國電商的 1.0 時代，已經來到了一個非常重要的轉折點。

「雙十一」之所以能夠達到這麼高的成交額，得益於電商與物流企業的服務改善。尤其是在開始幾分鐘的迅猛需求，阿里的體系能夠承受，這也是一個實在的進步。而且不是一家企業的進步，是整個互聯網行業的進步。阿里在全國布置的總頻寬可同時服務 650 萬人在線觀看高畫質電影；支付寶每分鐘能支持 100 萬人買單；各家快遞公司新增從業人員 25 萬；快遞增加作業場地 185 萬平方公尺，相當於 259 個標準足球場。而這些也都讓電商和經濟界人士在未來的商業世界之中有更多的話語權與影響力。

回看「雙十一」這幾年的歷程，雖然議論很多，毀譽參半，但是當年只是玩票性質出現的「雙十一」，已然成為上市的阿里巴巴集團的一個超級武器。它對電商情緒的每次引爆，都牢牢地奠定了阿里體系在電商之中的地位。在阿里上市之後五年內，這個第一的位置看來將堅不可破。而更現實地說，雖然有著刷單、假貨等各種毋庸迴避的問題，但是「雙十一」成為一個全民狂歡，尤其是互聯網一代用錢投票的大試驗場。

無論是各種奇葩買家狂秀購物圖，還是買賣雙方在評價體系的直接對話，都顯示出一種前所未有的氣氛。商家、消費者和網購平臺第三方公司，構成了市場交換層面的三種力量的均衡。比起其他途徑，每個消費者能更便利地表達出自己的觀點。交易費用的降低帶動了商品價格的降低，而且這種需求一旦產生，氛圍一旦形成，將不可逆。「雙十一」狂歡的參與者，很多是中產階級、知識分子以及城鄉老百姓、「草根」，他們是移動互聯網的主要成員；撇開敏感因素而言，參與「雙十一」的六億多人，無疑是中國社會的主流。他們對於社會的理解、消費的方式以及對於自身需求的認知，都處於一個前所未有的加速年代。「雙十一」對於消費者來說，是個性釋放的開始。「買買買」這句憨厚的網路流行語，顯示出了這群新人類們的選擇與意願。

這一次的「雙十一」，幾大重要門類的銷售額排名，都是幾家老公司的老面孔。而在細看其後的排行榜以及消費者的議論，也能依稀看到變革的趨勢。同樣機械重複的刺激作用已經有限，未來的電商與「雙十一」的焦點，

將由物品與價格逐步轉化為服務與個人體驗。在美國，最具可比性的當屬感恩節期間的「黑色星期五」和「網購星期一」。因為之後不久就是聖誕節，所以這個打折季會持續兩個月，是最瘋狂的折扣季節。而商場裡面人山人海的擁擠景象，跟我們身邊的72小時不打烊活動並無兩樣。實體接觸喧鬧而產生的種種購物不愉快，消費者在沒有替代品的時候，處於對低價的追求而被迫忍受。年輕一代選擇網購以及「雙十一」，擁躉數量突飛猛進，其實就是對於實體店打折的體驗的提升需求推動。不過，在三年前，這種替代是成立的，是革新的。但是到了2014年，已經經歷過更多種互聯網服務的網民，開始更注重自己的感受，對於電商的體驗要求已經逐步提高。曾經有個說法，互聯網行業，是中國企業與國際企業起步點最接近的一個領域。國際大鱷在互聯網行業，面對本土公司，並沒有出現特別大的優勢。這也是為何多家國際互聯網巨頭在中國與本土同行競爭的時候屢次受挫的重要原因之一。針對中國本土消費者的需求與口味提供獨特服務的草根公司更是屢屢上演逆襲好戲，一騎絕塵地遙遙領先。而現在，這種現象有可能在消費者身上發生。也就是說，在大數據應用的背景下，消費者網購獲得的服務與體驗將會比起美國人、歐洲人獲得的服務與體驗更好。而且這不是什麼神話。

2014年的「雙十一」是阿里巴巴公司的一次盛宴。從該公司公布的2014年「雙十一」數據中，我們可以看出：網購已經開始對傳統消費方式發起強有力的挑戰，而且迸發著驚人的潛力，孕育無限的未來。2014年「雙十一」電商的搶眼表現，也逐漸展體了該行業未來的三大發展走向，即移動無線購物、線上線下聯合、大數據分析整合。

第一，移動無線購物。目前，智慧手機已經大量普及，手機上網已經成為主流。2014年「雙十一」開場僅1分鐘，就有200多萬用戶湧入手機淘寶。開場僅4分10秒，手機淘寶的支付寶成交額就已突破1億元。在開場的一個小時中，有1400多萬用戶透過手機完成購買。1小時10秒鐘以後，手機淘寶支付寶成交額突破了10億元，已超過了2013年「雙十一」24小時手機購物的整體交易額9.6億元。1小時左右的手機購物交易量，就突破了2013年整天的數據。移動無線購物市場的發展可見一斑。

阿里巴巴集團資深副總裁吳泳銘表示，從2010年智慧手機開始普及到今天，手機購物已經有了飛速發展。用戶在購物時的資訊來源於其他地方，包括微博、社區、廣告等，但最後的成交都集中在了手機上，無論用戶在任何地方、任何場景產生了購物決策和衝動，都可以在手機上完成。

電商已經敏銳地捕捉到了這一商機，在手機上給賣家和買家分別推出了許多不一樣的玩法，比如手機淘寶的「微淘」平臺，買家可以在微淘上發現更多好玩的商品、活動，還可以及時與賣家進行互動交流。同時阿里巴巴還在手機端推出了一些遊戲和智慧工具，以此來幫忙用戶更簡單地購物。即使在沒有訊號的地鐵，電商都應該想辦法使手機購物順暢。

第二，在2013年的「雙十一」中，實體店感受到了電商的強力衝擊，實體店消費者大量下降的情況讓他們印象深刻，因此，2014年雙方採取了合作共贏的方式——O2O（線上線下聯合）模式。

比如，2014年各個實體店都和天貓等電商合作，打出了「雙十一」的廣告，以免被消費者忽略，銀泰百貨率先和天貓合作，用二維碼直接掃實體店貨物就可以用手機買下。此外，寶島眼鏡、宏圖三胞、海爾等300多個品牌3萬多家線下實體門市均已加入天貓「雙十一」，消費者均在這些品牌店實體門市試衣，「雙十一」當天在天貓下單。

第三，天貓「雙十一」總部不斷變換的數字螢幕展現的則是電商驚人的大數據魅力，只要產生一筆交易，都有相應的數據產生。而這些數據將是未來電商的財富與發展潛力。利用這些數據，電商可以分析出每位消費者的消費路徑與習慣，這樣，商家未來可以更精準地分析消費者心理與習慣。

這種大數據的應用還體現在物流智慧化的發展上，消費者普遍感受到2014年「雙十一」的物流速度加快。馬雲隱居幕後傾力打造的菜鳥智慧物流網路，展現了完善的社會化物流協作的結果。為了方便發包，商家提前把貨發到配送中心倉庫中，庫方根據菜鳥網路提前提供的資訊進行了預包裝。所以在接到訂單的第一時間，立刻就能展開行動，發出包裹。

透過 2014 年「雙十一」驚人的交易額和令人眼花繚亂的數字，我們可以看到，移動無線購物、線上線下聯合、大數據分析整合應用將是電商未來強勢發展的領域與亮點。

因此，電商未來的發展，將更注重透過 O2O 打通線上線下的服務體系，對現有的 O2O 模式作進一步的調整、優化，讓網購有更好的感受。除了便宜，其他線下的感受，一樣會獲得尊重。「把顧客寵壞」的理念，對於已經習慣了網路消費文化的賣家來說，形成與實現並不難。同時，各種供應鏈也需要重組，越來越多的生產型企業會學會與客戶直接溝通（因為學不會的公司將被狠狠地拋下），客戶服務部門的重要性將前所未有地增加。「以客戶為中心」的商業文化，將不再僅僅是房地產公司忽悠的廣告文案。在未來的「雙十一」，網上具體產品的交易，將演變為更多創意與服務的對碰。未來的「雙十一」，將會擴散成為釋放個性的電商新旅程。這其中為消費者帶來的滿足感以及商業機會，不一定是天貓一家獨有。更多小品牌，小公司，如果能夠把握住客戶的選擇，一樣能夠獲得自己的生存與發展空間。

或許，有一天，「雙十一」跟阿里巴巴、跟天貓的關係會淡下去，但是，「雙十一」播下的消費體驗革命的火種，將會在十億級別的市場日益壯大。

飯店餐飲管理
上篇 「互聯網+」進行時

▎潛滋暗長的眾籌

眾籌，譯自英語之中的 crowdfunding 一詞，意為大眾籌資或群眾籌資，香港譯作「群眾集資」，臺灣譯作「群眾募資」。實際之中的眾籌，是指透過互聯網方式，用團購+預購的形式，向用戶募集項目資金的模式。

眾籌在 2010 年就引入中國，發展至今，樂在其中。

事實上，2014 年夏天，演唱會眾籌、智慧手錶眾籌、影視眾籌、新聞眾籌乃至世界盃系列圖書的體壇周報眾籌等先後出現。眾籌拉低了投資的門檻，讓普羅大眾也能夠體會到成為投資人的樂趣，這是一種進步，也是互聯網精神的最好展現。例如，在娛樂寶這個產品的眾籌之中，一個平民百姓只需要花幾百元，就能成為女神范冰冰的投資人（哪怕是名義上的）。類似地，出資者還能在不同的項目裡面扮演著慈善家和 VIP 客戶的角色，文學、音樂、體育、教育、科技、農業，幾乎沒有什麼領域不可以眾籌。這種錯位效應對於普通人來說增加了特定的生活樂趣。這也是眾籌的最基本形態——屬於回報類眾籌（Reward-based crowd funding）。這類眾籌，從目前中國的法律條例而言並無曖昧，也不存在爭議之處。因為，這種眾籌下的項目，其吸引力並不是以股權或是資金作為出錢者的回報。而在互聯網上煞費苦心包裝、推介自己的項目的發起人，更不能向支持者許諾任何資金上的收益，他們必須是以實物、服務或者媒體內容等作為出錢者的回報。無論是恩公也罷、豪客也好，或者叫做粉絲，出錢的人對一個項目的支持屬於購買行為，而不是投資行為。出錢者可以享受音樂、享受畫面，或者享受一本先睹為快的簽名版圖書，甚至也可以享受自己作為善長仁翁的精神愉悅，就是沒有現金收益，也沒有其他財務回報。最初美國的一些網站開始眾籌項目的時候，都很守本分，就是為了賣東西、賣服務。基本都是這類回報類眾籌，在中國起初也是。

如果眾籌只是局限於此類以實物或者服務作為對資金支持者的回報，那麼其中的風險也就比較容易控制。只要不涉及太大型的類似購買房地產或者豪車這樣的類別，那麼發起者針對個人或者小微企業籌集資金，這類眾籌本身的風險就是相當低的——跟你在電子商務網站上買東西的體驗差不多。有好有壞，但是基本上都是你能承受的風險。

當然，任何跟融資有關的工具，在中國都能迅速擴散，而且會被極富破壞性地本地化。與本分老實的回報類眾籌相比，下一步就是金融性質大大加強的股權類眾籌（Equity-based crowd funding）——投資者在互聯網上挑選，然後對網站推薦的項目或者公司進行投資，並獲得一定比例的股權，坐等股份增值套現獲利。簡單來說，這種眾籌就是投資者用錢買股份。從法理上而言，股權類眾籌還是大體可以成立的，因為這時候的互聯網平臺，只造成幫供需雙方對接的中介作用，而不直接與投資資金發生關係，因此可以說對這些互聯網平臺的風險還是在可控範圍之內。現實之中，股權類眾籌的網站也是無利不起早，他們會希望在自己撮合成交的項目之中收取一定比例的傭金——這個模式是不是讓大家想起 eBay？是的，eBay 靠這樣收取一筆筆的手續費變成互聯網公司巨頭。但是，eBay 這個模式在中國被淘寶網打得大敗，最後慘淡退出。在實際的運營之中，股權類眾籌公司們很快發現自己這樣羞羞答答地收取手續費的模式在中國的互聯網世界之中並不現實，也很難成為所謂如狼似虎的互聯網金融的一個活躍部分。

於是，這個時候，相當多與互聯網沒什麼淵源的主體就陸陸續續地雲集到風險巨大、新聞多多的債權類眾籌（Lending-based crowd funding）之上。

這類眾籌就是投資者透過互聯網對項目或公司進行投資，獲得其一定比例的債權，未來可以獲取利息收益並收回本金。從本質而言，債權類眾籌跟傳統的債券融資並沒有什麼區別，只是後者透過銀行、證券公司等傳統金融機構來發行債券，而前者則是透過互聯網平臺。這樣就進入了所謂的敏感區。因為，在中國，金融行業是准入制的。幾十年來，沒有許可證的機構不能從事此類業務。

長期以來，跟金融相關的各種「天花板」以及潛規則的存在，即使沒有明確的法律規定，外來者也很難在金融領域有大動靜。即使是名滿天下的溫州民間金融，一旦遇到風吹草動，銀行收緊貸款，這類灰色借貸也岌岌可危。而剛剛脫離死刑的吳英，則顯示出沒有官方背書的民間金融是何等脆弱。

然而，現在偏偏出現了個可怕的互聯網怪物。近幾年來在中國突然湧現的大批的 P2P（個人與個人之間的小額借貸）業務就是典型的債權類眾籌形式。在 P2P 行業不斷地發展過程中，互聯網金融企業等一些新興的金融企業不僅扮演牽線搭橋的「紅娘」角色，而且造成主要操縱資金來源與去向的作用，類似於傳統的基金公司投資方式以及銀行與信託的資金池業務。說白了，他們直接向出資者收錢，而且不再是老百姓們幾百上千元的門票錢、玩具錢，常常是各類複雜利益主體幾十萬、上百萬乃至上千萬的投資資金。

由於沒有對眾籌公司各種必要的制度約束，很多公司也沒有進行必要的財務公布。其結果是，更多的個人投資者沒有對眾籌清醒的認識，而只看到收益承諾進行盲目投資，造成不理性資金湧入眾籌市場，在令市場繁榮的同時，也埋下很多財務地雷。

面對透過互聯網病毒式蔓延牽涉資金數額龐大的債權類眾籌市場，現實的監管措施似乎依舊落後。相關法律界人士就介紹，政府對中間帳戶安全、擔保和是否屬於非法集資三個方面的監管存在嚴重的缺失。在當下，只有中國《合約法》第二十三章第 426 條中對 P2P 的收費服務進行了簡單的肯定，但是收費標準和資金去向都沒有作出具體的規定。在缺少法律作為支撐的前提下，只有透過中國銀監會和中國央行公布的一些制度進行監管，因此為一些不法企業留下了很大的灰色空間。現在已經出現了上午上線融資，下午就捲款跑路的赤裸裸詐騙事件。未來一年，隨著經濟不景氣，各種項目炸彈會陸續引爆。相關的債權類眾籌項目可謂陰霾重重。

顯然，第一類的回報類眾籌，與第三類的債權類眾籌，已經有著巨大差別。對於中國政府，面對同樣的眾籌這個名詞下的不同風險、不同模式、不同路徑的項目，是現實的考驗。眾籌未來獲得永續發展的關鍵在於去蕪存菁，保留其健康與有序的部分。即使是股權類眾籌與債券類眾籌，也可以因勢利導，使其納入金融管制體系，實現永續發展。對於那些以互聯網以及眾籌為包裝的非法集資，亡羊補牢，嚴格准入制度、完善風險控制體系，是其時也！

在未來，眾籌會有哪些發展趨勢或者模式，我們不妨來分析一下。

1. 綜合型的眾籌平臺格局待定

從互聯網應用上而言，眾籌並非是一個很複雜的系統。眾籌平臺將來會經過多輪的廝殺和競爭後，剩下幾家比較強大的。從目前的天使匯、眾籌網、大家投等眾籌平臺來看，誰將會是最終勝者還沒有明顯的跡象。眾籌的核心屬性都還沒有被統一認識，眾籌的核心競爭在哪裡恐怕也是未知的，因此現在來預見誰會成為王者還太早了，有待行業的格局演變。

眾籌業務的業內競爭，也許不僅僅是在當前這些專業應用平臺之間進行，真正是大平臺的，還是掌握了用戶入口的百度、阿里、騰訊這三家公司，只要哪裡有機會，他們通常是不會缺席的。可以預見，未來他們也將是眾籌的重要成員，甚至獨執牛耳。

2. 垂直眾籌前景廣闊

眾籌針對的是大眾，但並不是說人人參與。眾籌無論是籌的資金、智慧、資源，都只會掌握在某些人手中，如果不是因為稀有，又何必要籌集呢？特別是某些專項資金，專門的知識與智慧，獨特的資源與貢獻，都將會向特定的群體、圈子進行募集。未來眾籌的應用領域會五花八門，無所不入，文化創意、影視、音樂、工藝等都可以去眾籌，而各行各業都會有自己的門道、思維、視角和商業邏輯，有各自的交流語境和評判標準，所有垂直眾籌都要去研究所在行業的獨特業務邏輯和業務流程，否則，如果只是一個應用分類，就容易被綜合眾籌平臺所兼併。

3. 微組合機制強強聯合

眾籌的魅力，很大程度上是可以集合組織起大眾來參與的機制與系統（不是指針對大眾做營銷）。比如，如果一筆融資 100 萬元，需要一個專業投資人完成，那就不需要什麼集合組織能力；而如果一筆投入 100 萬元，由 100 個人聯合出資，就需要強大的集合組織機制與系統，來保障權益的平等與監督執行，並且進行職能分工。一筆投入 100 萬元，讓成千上萬的人來參與，五毛、八塊錢都可以參與的話，考驗的更是組織機制與系統了。

眾籌作為一種股權籌資的形式，最大的優勢在於把專業的價值判斷、投後管理工作與財務投資工作分開，從而實現分工協作與集合管理。眾籌的未來，有機會解決五毛、八塊錢的參與和權益確定，就意味著分工更細、集合程度更高、協作性更強，那麼未來眾籌的形態上會更豐富，當前的眾籌（基於互聯網）、即將的雲籌（基於雲端計算、雲端儲存、雲端服務和雲端資源）、未來的微籌（更小的份額，更微的出資，更廣泛的參與），都將各領風騷。

4. 走向服務化

與 P2P 網貸比較起來，網貸從投資人把款放出去，到把錢收回來，一筆業務才算結束。目前來看，各家眾籌平臺都是幫著把錢籌到，事情就結束了。創業項目籌到資，其實只是第一步，如何幫助融到資的創業項目成長，提高創業的成功率，提高投資人收益機會和比率，才是眾籌最需要面對的。眾籌的流程，從籌資開始，要到退出才結束。正因為這樣，股權眾籌在本質上就是創業服務。如果眾籌平臺只是一個幫創業者和投資人對接的資訊平臺，肯定不會長久。而雲籌則可以為眾籌項目提供創業服務，走創業服務，幫助眾籌項目成長。

作為一個靈活的籌集資金的方式，眾籌需要走的路其實還很長，雖然它目前還存在很多漏洞和不成熟的地方，但作為一個「潛力股」，它的未來是值得肯定和期待的。

老微博的新使命

在互聯網尤其是移動互聯網語境之下，已經推出六年且已經去掉新浪字頭的微博顯然不年輕了。微博在推出一年之後，就不斷有上市的種種消息，只是每一次都因為這樣那樣的原因而終止。因此，微博終於在 2014 年 4 月 17 日單獨分拆上市，引發微博上各種倖存大 V（指微博上活躍並擁有大群粉絲的用戶）的感慨也分外真實。

以美國 2014 年復活節假期的股市收盤價來計算，臉書（Facebook）：1503 億美元。推特（Twitter）：245 億美元。微博：41 億美元。性質接近的三者的差距顯而易見。面對這「小半杯水」，悲觀者覺得微博價值實在有限，而樂觀者則說，微博看來有很大的上升空間。而兩者都同意的一點是，微博還有很長的路可以走。

互聯網本身產生了許多新的商業模式，同時，互聯網又重新定義了許多傳統的商業模式。微博就是中國誕生的這些新的商業模式之中的最突出的一種（雖然明顯不是最賺錢的一種）。這裡面的各種野蠻冒險有些成功，有些變成笑話。

事實上，由 Twitter 而來的 140 個字符只是英文的，比起 140 個中文字來說，容量更小，表達也更碎片化。這種源自簡訊限制的簡短留言，在很長一段時間讓它的使用者感到困惑，互聯網都可以看清晰的圖片和影片了，這種粗糙的文字簡訊還有前景嗎？事實也一度如此，Twitter 的早期用戶發展也非常緩慢，這導致它後來被 Facebook 長期領先。而中國國內互聯網上的社交網站，經過兩三年跌跌撞撞的發展，一些創業網站因為違反相關規定相繼關停，在 2009 年的新浪微博推出來之前，沒多少人看好中國的社交網站生意。

不過，撇開種種非理性的情緒來看，對於中國互聯網乃至中國社會來說，微博無意中造成巨大的、顛覆性的重構作用，即時通訊、搜尋乃至電子商務，都沒能如此深刻地推動中國社會的變革——這在許多年之後，都會為人們所反覆感慨。

飯店餐飲管理

上篇　「互聯網＋」進行時

　　當年聲勢浩大的全民部落格運動未能完成的任務，這次在一群娛樂藝人、網路營銷者與財務人員的混合摸索下產生了他們都想不到的結果——早期以內容為主導的網站迅速轉向以用戶為主導。當微博形成了以單個的人為中心的資訊交換機制之後，原本分散的互聯網入口一下收緊，互聯網的生意規則幾乎是幾個月之內發生了革命性的變化。缺乏互動與社交的網站，越來越難以發展屬於自己的用戶，傳統的 BBS 更是遠遠落後於時代與用戶的需要。絕大多數的互聯網公司，如果不利用好微博入口，獨立業務將變得異常艱難。新浪網催生的新浪微博，迅速超過了母體，成為新希望的所在。微博成為了內容的跨網路入口，是開放的「平臺級」應用。微博是內容入口，它粗糙與野蠻的生長，帶來了中國互聯網社交短暫的黃金時代。

　　2010 年是令人目眩的中國微博年，繼新浪開通微博之後，搜狐、網易、騰訊也都相繼開通微博服務，人民網、鳳凰網、天涯社區等也都開通或者張羅起微博來。連一些流量有限的專業網站也在努力推出自己用戶數更為有限的微博——他們無奈地稱這是「主流網站」的「標準配置」。一夜之間，「微博」一詞成了萬應靈丹。但是如果沒有微博，就成為業界的「另類」、「邊緣」與「失敗者（Loser）」。當年 11 月的新浪微博大會，連分會場的大螢幕前都人山人海。在那段激情燃燒的歲月裡，任何對新浪微博的王者地位的質疑都會被看作不道德與不明智。

　　誠然，由出生的第一天起，中國式微博就帶著深深的營銷烙印。微博啟動的最初幾天，從李開復發微博轉述公司職員如何讚美李開復推薦的新書開始，微博的出現顯然是不甘寂寞的。各種營銷公司苦心經營吸收粉絲的營銷號發布的消息，既不是熟人間的寒暄也不是公眾話題，按道理，這樣的資訊會被微博過濾掉，但是，營銷用戶採用了引誘式的傳播，比如有獎轉發、有獎關注，這突破了熟人傳播、興趣話題乃至媒體傳播的邊界。營銷用戶具有更大的現實利益驅動，微博原本的熟人關係和興趣關係與此相比不堪一擊，營銷用戶不僅製造資訊垃圾也在損害微博關係的價值。為了在泡沫泛濫的環境中有效發布資訊，普通用戶不得不提高資訊發布的頻率，或者採取噱頭性的標題來吸引注意，普通用戶也被拖入垃圾資訊製造的陣營之中。數據為微博帶來誘惑與陷阱。「2010 年，獨孤求敗的新浪微博在社交的曠野中一路狂

奔，在沒有參照物的情況下，數據增長是最能說服人的理由，如果只關注用戶數量、粉絲數量、發布數量的量化增長，營銷動力帶來的KPI數據比自然增長更加誘人。」確實，新浪微博是一個缺乏主流價值背景的資訊大秀場，用戶表達權正在被過度釋放，用戶淨化資訊的能力變成了泡沫製造的動力，關係對資訊的組織作用大大削弱，微博陷入迷茫，同樣，商業化之路也就因為不斷出現的失控與管制而變得脆弱。

在微博停滯的時候，它的對手，一個強大得令中國互聯網所有巨頭都顫慄的微信來了。微信獲得的讚美與追捧，迅速追上並且超過了微博，甚至比全盛時期的微博贏得了更多的光環。許多營銷用戶附帶著追風者，快速倒向微信。一時間，微博經歷了雲霄飛車般的感覺，股價下跌、用戶發展減慢，這對於微博來說是沉重的一擊。

所幸的是，曾經禍害微博的那些因素迅速蔓延到了微信。本來，微信有著自己的熟人機制過濾。其訊息機制的設計，重原創，遏制轉發，透過降低訊息的流動性提高品質，這種訊息機制的設計決定了訊息質量更加依賴於關係。但是當具有中國特色的營銷號席捲而來的時候，當各種無休止、無原則的爭吵大批浮現的時候，微信的管理者同樣苦痛不堪。「雞湯文」從微博一路風行到微信，「五毛」、「公知」的吵吵嚷嚷也一路從微博追隨到微信，相比於微博的弱關係，強關係的微信機制相對封閉，資訊流動性較慢，在關係受到侵蝕時，自潔不足的謠言也容易被放大。

而有趣的是，面對微信這樣的強勁對手，微博並沒有被擊潰，而是找到了自己的特殊定位——社交媒體——這相當於激活了新浪網十幾年來的基因優勢，相當成功地承接了中國互聯網用戶對於媒體的集體無意識。上市之前的一個月，由瘋狂討論馬航失蹤班機到「文章馬伊琍週一見」的桃色事件，微博再次無可爭辯地占據了話題設定與集體狂歡的第一陣地，讓資本市場一窺這個老產品的堅韌生命力。

事實上，社交網站在中國從來就不是微博一家，即使沒有微信的時代，也有早就在美國上市的人人網。上市的時候，這家公司給資本市場說的就是中國的Facebook的故事。只是，這個故事只有開頭，後面的發展太不傳奇

了而已。作為僅存的兩大巨頭，微博與微信面對的是社交的新階段。粗放發展的時代徹底過去，資訊泛濫是社交面臨的共同敵人，比較一下微博和微信，微博是針對資訊流的服務，微信是針對用戶的服務，在未來這場為了健康的「洗粉運動」中註定了它們各自的策略會不相同：微信會側重強化用戶關係，微博則會強化內容組織。下一步，社交將進入多元、精細化發展階段，進一步分化發展：社交媒體、社交應用、社交服務……。

2014年2月，Facebook以190億美元收購WhatsApp，以收購價計算，WhatsApp每名用戶值42.22美元。這是對目前社交媒體一個有真實記錄的定價。而根據這個數字計算，微信約3億用戶的估值則是接近千億元人民幣。而其他投資機構對微信則是給出了2000億元的估值。不過，對於數以億計算的互聯網用戶來說，他們更關心的是產品是否夠酷、夠炫、更好用，其他的財務數字對他們來說都無意義。作為一家已經經歷過大起大落的互聯網公司，微博未來不應該以趕超其他同行作為目標，而應該發揮自身的社交媒體優勢、提供更好的用戶體驗、紮實發展更多用戶，這才是他們把握自己命運的關鍵。

微博應該在如下方面大力挖掘自己的潛能：

1. 在移動端再次發力

微博成立初期，大螢幕智慧手機在中國還沒有大規模普及，微博移動端要開發多個手機適配版本，這也讓微博早期實現了快速繁榮，當然也造成了自己在技術和產品研發上的精力分散。而現在已經是全民使用智慧手機的時代，小米、華為、聯想、三星等知名中外手機廠商已經將Android手機推進到了高度普及的階段，網民在手機端的訪問時間更長，微博迎來了對自己移動端產品線進行瘦身優化的新戰略期。移動端產品過去有個人電腦端產品的影子，而現在微博產品和技術團隊正在進行大量的減法，新版本的微部落格戶端在個人首頁和企業首頁方面完全顛覆了過去版本的模式，更輕、更快、更簡潔，所以，微博在移動端的二次爆發將是一個漸進式的微博產品自我再造的過程。

2. 商業產品和微博廣告逐漸走向成熟

微博的商業產品和廣告產品在上市後肩負著提高微博營收能力、未來盈利模式和空間的探索等這些關鍵戰略，上市融資後，在資金充沛的情況下，商業產品團隊就可以在大數據、核心廣告產品、企業用戶產品、商業工具等方面加大研發力度，這樣就能大幅提高企業用戶的活躍度，讓微博廣告在 PC 端和移動端（重點是移動端）的營收能力得到很大的提高。在未來幾年中，微博廣告有希望像百度廣告一樣，成為高營收、高利潤的互聯網廣告產品。

3. 扶持中小 V 和自媒體，完善微博傳播鏈條

過去，大 V 或草根大號左右或主導輿論的簡單放射狀傳播鏈條逐步減弱，而基於中小 V 用戶、中等粉絲數的活躍用戶形成的長週期、自回饋、自循環、去戾氣、更真實自然的內容和品牌傳播鏈條正在構建微博的更健康的社交網路生態，這會給用戶帶來更好的內容體驗，為微博的社交遊戲、電子商務及自媒體生態都產生了積極的影響。

4. 政務微博成為亮點

這是微博獨特的模式，在此之前，從未有一個社交網路或社交媒體可以讓越來越多的政府機構官方入駐和積極互動，這成為政府工作接地氣與否的試金石，即時資訊流的產品特性，能夠快速帶來政府的響應機制，從而為政府部門的公關和群眾溝通帶來了便利和平等。政務微博在中國改革的大時代中前行，也許應該將政務微博運營質量納入政府宣傳部門的考核標準。

微博改變中國，不敢開微博的政府機構不是好的機構，敢於對網民公開和坦誠相待的政府機構是好機構，微博改變著政府機構，也改變著中國人生活共建的參與度。事實上，除了政府機構媒體屬性外，機構微博也可以開發更多的接口能力和數據能力，微博辦公也許不是太遙遠的事情。

5. 臺網聯動構建跨媒體營銷新生態和營收模式

微博即時資訊流的快速傳播特性在電視臺的綜藝節目推廣方面造成了至關重要的作用，當年好聲音就是靠微博女王姚晨、那英、李玟等藝人微博和

各大媒體微博推動起來的，微博特色的社會化媒體營銷在電視節目推廣和跨媒體營銷方面獨領風騷。

微博為電視臺提供節目回饋和資訊回流，提供節目的話題營銷的空間，電視臺又為微博帶入可達三四線的用戶涵蓋，形成共贏的兩代媒體間的互動合作。臺網聯動的場景中有大量的營銷機會，企業和廣告主可以根據微博的數據分析進行精準的族群化營銷和品牌互動，電視節目贊助商也可以加大微博營銷的創新力度和投放規模，有用戶參與的品牌互動是臺網聯動為微博營造的場景營銷重要部分。

6. 中國國內社交媒體第一股的意義

微博上市成功，成為中國上市公司中的社交媒體第一股，這是社交廣告和社會化營銷走向普及化的標誌，在未來的日子裡，社交廣告和搜尋廣告將成為互聯網廣告界並肩的兩大廣告模式。微博上市會帶來社交媒體廣告和社會化營銷的繁榮，與搜尋廣告讓廣告代理大賺不同，微博帶來的社交營銷繁榮還會帶來創意營銷的繁榮，微博營銷和廣告會更加活潑，有更多創意、更多參與。

微博的成功為媒體行業轉型提供了良好的生態基礎，也讓品牌公關與營銷變得更加趨向內容營銷和創意營銷，原生廣告將會高速成長，社交廣告創意將成為一個有趣的領域。從整個產業界而言，企業的營銷廣告思維可能跳出過去的線性投放思路，進而轉向更加注重社交行為驅動、興趣驅動、數據驅動的社會化廣告的場景投放和參與型投放思路，讓企業自身的營銷戰略更加貼近消費者，更加柔性。

從互聯網生態角度，微博廣告的成長會讓企業不過度依賴百度競價廣告，企業增加了一個投放選擇，有利於行業生態的健康成長，尤其是為中小企業營銷提供了多樣化的形式。移動端微博廣告的銷售應該是微博上市後會重點加強的部分，企業微博營銷要轉向移動端，跟著消費者的習慣來變化，所以，微博這個中國社交網路第一股的另一個意義就是開啟移動廣告和中小企業移動營銷的大時代。

電商網站＋線下書店

2015 年 11 月，網路書店當當網宣布將推行開設實體書店計劃，預計三年內開到一千家，這是繼亞馬遜之後第二個推出線下計劃的網路書店。

當當網的第一家實體書店位於長沙，占地 1200 平方公尺，並且線上、線下圖書價格是相同的。接下來當當網還要開設超市書店、縣城書店等多種類型的書店。想當初，網路銷售是書店業萬人矚目的「香餑餑」，很多書店紛紛搶著開設線上書店。但是，現在網路書店潮流逆轉開起了實體書店，到底意欲何為呢？

這特別有趣，因為線上書店或者網商開實體店的這個議題其實在讀書人之間，在出版界已經討論過很多次了。我本身身分比較特殊，既是寫書的，又是書的策劃人，也賣書，還是很多個圖書榜的制榜人，所以比較瞭解他們想開書店的心情和情懷，也參與討論過很多回。現在當當網帶頭破冰其實是一個好事，這看上去是逆轉、倒退，但事實上對當當網來講這可能是進步。因為現在跟別的電商如京東、天貓等比起來，當當網在垂直方面的份額或者成交量相差甚遠。對它來說，真正有價值的還是書店，書除了網上賣還可以網下賣，這對它來講是很自然的事情。當初當當網為什麼不選擇網下賣？因為網下書店成本高，效益低，庫存、物流以及整個推廣體系都沒有做好。而它現在線上已經把這些整合完了，有「降維打擊」的能力，當當網開的書店跟傳統實體書店其實是兩樣東西。從這個意義上講，有點像熱兵器向冷兵器的反撲。

這幾年很多朋友只在影視作品當中逛過書店，因為在網路購書的流行和網路書店的衝擊下，不少民營書店都面臨倒閉的威脅，甚至有一些實體書店都是論斤來賣書，不是論本來賣了。顯然，雖然網路書店開始逆潮流在線下開實體店，但是實體書店的行情依舊不太樂觀。因為，首先開實體書店的成本高，所有的傳統書店除了新華書店，都是在給業主打工。租金基本上占營收的一大半，剩下賺到的錢大概還不夠付工資和水、電、工商等一系列費用。以前，好多年輕人創業，女的開花店，男的開書店，結果幾個月後就重新老實上班了。傳統書店已經走到死胡同，走到一個很艱難的地步。傳統書店要

飯店餐飲管理

上篇 「互聯網+」進行時

生存一定要有差異化的競爭，例如有些品牌書店會24小時營業。而當當網開的實體書店已經不是傳統的書店，更像麥當勞和肯德基。麥當勞、肯德基來了，傳統小餐館會被擠掉。從這個形式上講，當當網的實體書店變成了一種被網路化改變了的實體書店。

說起電商開設實體書店，當當網並不是第一個吃螃蟹的人。2015年11月3日，全球知名電商亞馬遜在美國西雅圖開起了第一家實體書店，叫Amazon books，現場氣氛很熱烈，成為了一個購物消費場所。這個書店最大的特色是線上、線下同價，不是線上跟線下價，而是線下跟線上同價，這其實是新實體書店的殺手鐧。真正摧毀傳統書店的是什麼？是網店的銷售價格低。同樣一本書，讀者在傳統實體書店裡看了這本書，摸了質感，聞到香氣，然後把名字記下來上網買。實體書店賣五十塊錢，網上六折就變成三十塊錢，二十塊錢的差價就把人的心從線下帶到線上。但現在情況變了，用戶在現場摸完、看完，抒發了情懷，還能在現場以網上的價格買到，就不用在網上買了。有時網上購物不是一個很愉快的經歷，可能下錯單、付款出錯、寫錯發票，尤其是在「雙十一」、「雙十二」和「黑色星期五」這種時候，電商購物體驗其實並不好。其實真正致命的就是價格，線下的價格與線上一樣，而且當場就能買到，不會有任何其他的波折。在這個情況下，實體書店僅僅利用價格這個小小的槓桿就重新把人拉回到線下去了。

亞馬遜書店有一些創意也非常新穎，比方說每本書都附有一個評價卡，上面標註了亞馬遜網站用戶的評分和一段書評。不過亞馬遜實體書店開張之後，有網友調侃說「摧毀了這麼多書店之後，亞馬遜怎麼有膽子自己開起一家書店」。雖然是句玩笑，但是作為全球書店的領頭羊，亞馬遜開實體書店還是讓人覺得它之前開網路書店是曲線救國，先來網上跑馬圈地，把以前實體書店的客戶先拉上來，等到那些實體書店關門之後，再來開實體書店。

其實，亞馬遜的眼光早就超出了書。近期網上不斷有爭論說，為什麼美國沒有馬雲，為什麼中國沒有貝佐斯等。類似這種爭論，其實說的還是產業變遷的問題。亞馬遜做出版業可能比想像中更霸道，它把產業鏈給顛覆了。亞馬遜在美國直接跟作者簽約，幫作者出書，甚至先出網上版本，這直接在

美國威脅到了很多出版社的生存。美國的出版商跟出版社是文化保守主義的重鎮，他們掌握了不少輿論機構，在他們眼裡亞馬遜就是一個毒瘤、一個人類文明的破壞者。所以亞馬遜為了抗衡它們，為了爭奪自己的渠道，開始開設實體書店，因為實體書店幾乎全是出版商的堅固聯盟。而且亞馬遜在美國經營實體書店與在中國也有著不一樣的意義。它涉足線下渠道，也是為了把產業鏈延伸得更長。這對我們來講可能有很強大的參考意義，中國未來的出版業或者網路電商之間的互搏還會繼續。

那麼，亞馬遜和當當網從網上賣書轉變到實體店賣書，他們的書店和普通書店存在什麼樣的差異，又有什麼樣獨特的魅力呢？

我認為，真正的特色是在現場有數據，比如讀者評價系統、評價星級、線上銷售量等作為現場陳列布置的參考依據。書裡有網購讀者的卡片等這類東西能迅速讓人有一種在線下進入線上的虛擬感覺，在線下體驗到如同在線上一樣的選擇多元化跟參考。

亞馬遜的實體書店也好，當當網的實體書店也好，必然是肯德基、麥當勞式的。而且我們發現有一個很大的問題，所有書店一定是賣暢銷書。像《西雅圖夜未眠》電影裡面那種小書店，賣一些另類、特別的書，整個城市只有兩個人看這種美好故事的情況，在當當網和亞馬遜的實體書店一定不可能發生。它們就是賣那些每個人都有的，有些人看了很不愉快，有些人覺得很沒意思的但銷售量特別大的通俗書。在這種情況下，書店就是一個速食店，裡面90%～95%的選品都是在排行榜上面的，這些書相當於快速消費品，把書店最後一點隱藏的情懷都摧毀掉了。它更像一個超市、一個農貿市場。它會有這個層面上的人情味和這個層面上的歡樂。「哎，你看！TFBOYS最近出了書！你一定要買！」會有這種情調的東西。但是比較小眾的東西在這種書店很容易被邊緣化，因為那些非主流的圖書可能連看都沒人看，這也是一個悖論。

現在開書店的「開店成本」相對來講很低，大概花12個小時能把12平方公尺的書店開起來。因為圖書已經變成代銷的，甚至沒有錢都可以開一家書店。但是書店的維持成本極高，可能是開店成本的很多倍，因為有租金、

人工、損耗等。尤其開了書店以後，你會發現坐這麼一天，不要說買，送都送不出去幾本，這是完全不一樣的心態。而亞馬遜不僅有資金，還有營銷的方法——透過各種方式進行「導流」。它徹底把書變成了快銷品，快銷品競爭很激烈，很難做，有情懷的人是做不了快銷品的。

不過，一些傳統讀書人還是更喜歡逛書店，因為書店有一種特有的書香氣。有人去書店帶著購書的目的，有人就是想進去感受一下，可以說傳統書店更像是一種文化符號。但是，傳統的實體書店扛不起價格戰。它會有機會前景，會變成一種新的業態，也能維持一定的市場份額，但是不太可能有很大的發展。像鄉村書店、城鎮書店、超市書店等，會成為一個補充，那種書店賣的一定是快銷品。對於真正想逛書店、有書香氣的人，在亞馬遜的書店、在當當網的書店可能會失望。

網路購書又方便又便宜的優勢，使傳統書店的生存空間本來被擠壓得很小。現在亞馬遜、當當網要在線下開設書店，價格跟網路購書價格一樣。這樣的話，傳統書店可能會迎來新一輪倒閉潮，只有那些很有個性的書店能夠存活下來。例如，我有朋友在長沙開了24小時書店，強調選品。以後的實體書店如果沒有突出的特色，賣的東西如果跟當當書店、亞馬遜書店一樣的話，很快會被他們擠垮，只有不斷辦活動、不斷辦講座、不斷做自己的會員，才能存活下來，並慢慢變成精品，變成奢侈品，真正的精品是有生存空間的。

有人提出疑問，電商開設書店是不是初期成本也會很高，要不停花錢維持下去，才可以讓別人沒有動搖自己位置的機會？其實，比起它們在互聯網上「燒」的錢來講，實體店的投入比例小很多。電商維持龐大的IT系統、物流系統的成本很高，比我們想像中高得多。它的實體店畢竟是一家一家開，不可能同時開很多，而且開很多也是跟別人合作，是輸出品牌，像麥當勞和肯德基，每家店的投入是有限的。

說了這麼多，其實對於消費者來說，只要能夠買到一本自己喜歡的書，並且能夠享受它，就賺到了。不管是從網上買還是從實體書店買，只要閱讀得開心就好了。

互聯網時代快遞企業趕緊上市

最近馬雲背後的男人似乎都在加快上市的步伐，快遞企業成批成堆上市。除了已經宣布上市的申通、圓通等，曾經堅稱不會為圈錢上市的順豐也終於鬆口了，首次公開承認已經啟動中國國內上市流程。有分析說，作為快遞行業領頭羊，順豐上市給行業帶來的影響將是地震級別的。

那麼，此前一直扮演著「不差錢」角色，也宣稱不上市的順豐現在為什麼改變主意了呢？其實，這並不稀奇，商業本身就是此一時彼一時的事。我記得以前網路上有一個專題就是講企業家自己打過自己的臉，自己改過自己的話。順豐也沒能免俗。

不過，它現在要想上市比起以前的不上市應該是個進步。大家傳統上會覺得順豐就是一個快遞公司或者是個物流公司，事實上過去三年到五年間它有了一個翻天覆地的變化。它的業務已經包括速遞、生鮮電商、跨境電商，甚至還有金融支付，還有最新潮的無人機。它的整個業務範圍在迅速地擴張。我們現在可以查到的，或者說公開的資料顯示，順豐最近的一次融資是三年前的 80 億融資。它要做這些事，這 80 億肯定是不夠的。在這個情況下，與其面對各種價格戰，或者同行的壓力，還不如趕緊自己融資。因為在現在這個年代不上市只是一個驕傲的姿態，並不代表其他更多的東西，能上也就上了。

不僅僅是順豐，其他快遞公司也紛紛表示要上市。它們的產業鏈也有那麼多緯度布局嗎？為什麼它們也跟風上市？

快遞其實是一個很辛苦的行業，是個很難賺錢的行業。它靠的是密集的勞動力加比較高強度的管理。所有人都是把物流當做一個基礎產業，把這個做好了，有了用戶，有了數據，跟著做別的。換一句話來說就是，他們過去做得這麼苦，就是為了以後不這麼辛苦。所以所有的物流企業，不管是順豐還是順豐的兄弟們，都不願意一輩子當馬雲背後的男人，也想跟馬雲來競爭一下。對他們來講，把這個產業鏈延伸性布局，獲取更多的利潤，是沒有辦法的事。另外，對他們來講，這也是一個很有希望的行業。

只是快遞企業的上市之路不會一帆風順，必然會遇到一些險阻和難題。中國國內的快遞雖然多，但是真正大的也就順豐、中通、圓通、申通、韻達，對它們來講，上市確實很苦。比起別的行業，快遞企業本來要講的故事就不多，所以很多快遞企業借殼上市。比如2015年12月1日，申通快遞100%股權擬作價169億元借殼艾迪西上市，估值溢價是7.5倍；2016年1月16日，圓通借殼大楊創世，大楊創世以前是做西服的，就是號稱自己主動給巴菲特做了一套西服的那個公司。大楊創世的市值很小，把那個殼給了圓通也是對的。除此之外，中通等其他快遞企業也在謀劃上市。對它們來講，上市可以解決規模的問題。這一行越是成規模，成本越好控制。但是獨立首次公開募股（IPO）的話，它們的財務上確實不太好看，因為快遞確實是個很苦的行業，八塊、十塊錢發一個快遞，利潤很有限，而且不斷有各種不利於它們的新聞出現。所以對它們來講，借殼上市比獨立IPO更好控制，更好操作，而且更能看到效果。

與此同時，有人疑惑，這些多元化經營的快遞企業上市成功後，會顧哪頭呢？

它們的主業有兩個，一個是基本盤，比如說A收購B，B收購比B更小的C。一方面迅速地把規模做大，但是這個是不賺錢的。跟著把這些用戶和數據再進行轉化，比如說跟別的行業異業結盟、跨界發展。快遞行業的這個生意非常清楚，不複雜也不難理解。所以它對投資者或者對中小股東來講，吸引力是不大的，但是對於生產者，對於企業或者機構投資者來講，有一些大的想像空間。比如有一個公司參股了順豐，以後這家公司跟順豐就能合作了。而且你買的衣服或者你賣的衣服都可以跟它走，能產生協同效應。它有點像基礎的水電煤。所以快遞做的是這個行業，想的是這個問題。包括它們買飛機也是，不斷占通道，把你的通路都占了，所以這個生意其實挺好玩，機構投資願意入股。它貴一點，或者回報稍微慢一點，但是從業務上能產生互補，與那種純粹的財務投資相比，操作性和騰挪的空間會大很多。

事實上，如果只在中國國內發展，快遞公司的錢是夠的，但是如果要到國際市場去拓展，光是買飛機的錢都不夠。這也是不少快遞公司的創始人此

前不願意上市，現在又轉變了心思的原因之一。比如小米的手機在中國賣，市場飽和了，就去印度等別的地方賣。現在快遞企業發現，在中國能做的生意，在全世界都能做，尤其是快遞。現在所有的快遞都要擴張、壯大，最簡單的辦法就是靠資本的累積。

國外也有快遞公司上市的例子。比如 Forwarder 在二三十年前就上市了，收費比較高，但利潤也比較高。它與運輸物流是一樣，是平行的一個行業，很穩定，跟中國完全不是一個檔次。中國的電商發展是全世界沒有的，全世界電商加起來可能還不如中國的電商人口多，全世界別的國家的馬雲背後的女性加起來，都不如中國馬雲背後的女性加起來多。

有一個說法是，快遞企業必須在 2017 年的上半年之前上市。如果沒有實現，將很難保證在市場的地位。即便未來它們再透過資本運作、跨界併購等一些方式上市，也會付出更大的代價。這幾句話是說快遞企業上市是刻不容緩的，而且必須在 2017 年的上半年之前，真的有這麼嚴重嗎？

這裡面存在「囚徒效應」。中國的快遞公司中最大的就這五六家，這些快遞公司按目前的規模看，誰也打不垮誰。但是誰上市、誰有錢，就能一夜之間在競爭方面壓倒對方。所以，大家都趕著往前走。比如六家裡面有兩家先上市，就能把其他幾家「幹掉」。就像前些年分眾傳媒跟聚眾傳媒的競爭一樣，當時兩家都在做電梯廣告，分眾傳媒拿了錢，就把聚眾傳媒收了。包括京東，上市前的最後一輪融資很關鍵。它上市前最後一輪融資了，跟著就上市了，然後就把競爭對手擠掉了。如果別人拿到那筆錢，別人上了，根本就沒有京東。所以對這些快遞企業來講，這就是一個百米衝刺的事，誰先成功上市，誰就搶占了先機。因為這個行業的競爭門檻沒那麼高，技術壁壘沒那麼高，就是靠人員、靠規模。時間規定在 2017 年，是因為現在已經 2016 年了，上市還得有財務報表，還得融資路演（roadshow），執行起來至少需要半年、三個季度。這都是看著我們今天的時間表來定的，實際上他們下了一盤明棋。

飯店餐飲管理

上篇　「互聯網＋」進行時

　　從快遞企業的角度看，誰搶先上市，誰就可以以更強的姿態來搶占市場。但是從消費者的角度來看，快遞企業上市能為大家帶來什麼呢？資訊洩露、服務態度差等讓消費者不滿的現象能改善嗎？

　　這些問題的核心就是管理不善，服務水準不夠。為什麼呢？蘿蔔快了不洗泥，大家都顧著擴張規模，抓管理、抓服務的精力自然就少了。它們現在是以活下來、壯大自己為第一位。所以說如果上市，一定是有用的，因為上市公司面臨的壓力，或者面臨的監管是立體的、綜合的，肯定比一個民營公司要多、要嚴。另外，所有的上市公司都面臨著市值管理的問題，比如這家公司沒有上市，消費者批評它，罵它，甚至曝光它。它無非道歉一下，實在不行就採取鴕鳥政策，躲起來，賠個十塊、二十塊。但是它上市之後，壓力會比以前大，市值和股價都會受到各種因素影響。而這對於投資人、管理人、股東來講，是最大的阻擊，比如說你罵它一萬句，不如讓它股票跌一半。這就是民眾用腳投票的力量。而且從我們的角度來講，希望它越快上市越好，因為它有了錢，就不至於這麼涸澤而漁，不至於透支得這麼厲害。有句廣東話叫發財立品，有些商界鉅子或者彬彬有禮的商界人士，有可能當年就是賣假冒名牌起家的。快遞公司如果上市了，納入了現代企業制的管理，可能會招好的客服、更加有國際視野的管理人，大家都開始穿西裝上班了，開始打卡了，開始開發表會，也會請專門的主持人來主持，不會像現在這麼山寨。因此我覺得快遞公司上市情況還是樂觀的，因為一定會有一個淘汰的過程。

　　快遞企業為了生存，不得不打價格戰。但是快遞企業上市後，企業的生存問題解決了，是不是意味著價格戰消失了，快遞價格會上漲呢？

　　的確，價格戰會有一定程度的緩和，快遞價格也有可能一定程度地上漲，但是不會漲太多。真正典型的快遞是怎麼做的呢？我本身就開淘寶店的，比如我是賣書的，並且我還兼做快遞。這個快遞首先是為自己服務的，接著再把一些同類的東西承包過來，比如可能是夫妻店或兄弟店。這就是為什麼淘寶裡面那些快遞可以很便宜，甚至能夠包郵。如果專門只做快遞，就很難做了。其實，電商已經改變了中國的很多商業模式，包括快遞的生態其實跟我們想像的不一樣。所以基本上所有的分撿點，光靠規模已經不能解決，必須

跟產品結合在一起。就跟沃爾瑪一樣，光靠賣產品，利潤很薄，但是它會賣自己代工生產的衛生紙、代工生產的家具，這些的利潤是高的。這裡面其實有巧妙。在中國，快遞只要敢加價，一定會有便宜的出來，所以快遞價格不太可能加到哪裡去，我覺得這是一個可以預見到的事情。快遞公司的一部分利潤是靠跟別的行業的整合，也許哪一天你突然聽說快遞跟太空梭結合在一起，快遞跟金融結合在一起，快遞跟娛樂產業結合在一起，這是完全有可能的。

不過，有一些分析也說現在快遞行業的發展減緩了。這其實跟電商有關。我三年前出了一本書叫《電子商務創世紀》，裡面就說過，電商跟它的衍生行業——最密切相關的快遞，都會遇到一個挑戰，就是大家對電商的熱度或者期望值的降低，電商紅利是有規模效應的。

2015 年的「雙十一」從某種意義上講已經到了一個巔峰。跟著往下就變成大家要利潤、要品質，而不是賣得多、賣得快。從這個角度來講，快遞行業要重新尋找自己的生存空間和盈利模式，上市的還是極少數，大多數上不了市的怎麼辦，需要好好想想。

現在像阿里巴巴、京東、蘇寧雲商等，也都在透過自建物流體系的方式來降低對第三方物流企業的依賴。這以後的競爭肯定會愈演愈烈，而且快遞行業已經到了洗牌的關鍵期。因為中國每個行業都有這個問題，一做某件事，大家就迅速地做，而且很多人在很短時間內就把資源都消耗完了，接下來就「拚刺刀」。像自建物流，其實它也是物流的一個方式，讓它更好地控制品質，更好地產生協同效應。但是我感覺因為中國實在太大，而且中國的勞動力相對來講還是便宜。現在買房子也存在「城鄉差距」的問題，一二線城市的房價太高了不愁賣，但是二三線城市的不好賣，三四線城市的更難賣。我覺得以後快遞也會有一個「下鄉」的過程，進一步下沉。所以類似這種東西可能會有配套的，就等於很多小的房地產公司是當地的，小的快遞公司也可以是當地的，把自己的區域市場做好，可能這是另外一個故事。大的就是菜鳥、京東、順豐這些去玩，就是大有大的競爭，小有小的競爭，這種慢慢還是能

形成一個均衡的格局。但是有一點肯定可以放心，就是大家不用擔心買東西沒人送。

也有分析說，上市不僅僅會解決快遞行業很多問題，還會給快遞行業帶來翻天覆地的變化。其實，翻天覆地更多是指在技術上，因為它的商業模式已經沒有太多花樣了。所以，未來快遞行業可能會變成一個有技術含量，有數據支持的行業，這可能才有價值。

互聯網＋家居業帶來的變化

春節之後，一年之中的家居旺季也來臨了。對很多朋友來說，裝修最鬱悶的事情，估計就是理想和現實的差距，比如說看好的裝修風格，很難整體複製到自己家中。不過，隨著互聯網＋和家居行業的結合，人們可以透過軟體很直接地看到客廳、臥室、廚房等一些場景，一旦看中就可以下單。我看到過一句話，互聯網＋家居是一個金礦。其實，刨去互聯網，家居市場在目前經濟環境下也是比較好的行業，比如說 2015 年官方市場的規模大概是 1500 億元。而 2014 年中國國內家居行業總產值已經達到 5 兆元，其中家裝（家居裝修）行業圍繞產生的產值是 1.2 兆元。事實上，2015 年天貓、淘寶、京東三個互聯網平臺上家裝行業的銷售額才一千億元，每次「雙十一」、「雙十二」會做很多推薦，即使這樣銷售額也就一千億，所以未來增長空間非常大。

現在別的行業產能過剩，遇到飽和，遇到「天花板」，家裝跟家居業很可能是目前來講最現實，對於消費者來講又能看到效果的一個行業，所以大家都會盯上這塊大蛋糕。

不過，消費者線下選家居也有痛點，而且這個痛點已經存在一兩個世紀了。自從有了家居行業，在中外都能聽到這樣的例子，本來是為了結婚去裝修的，結果裝完就離婚了，就是說每個人有不同的個性體驗。裝修這件事，一個人一輩子大概也就幾次，而且，第一次裝修，你覺得繳了很多學費，結果第二次還有學費，第三次還有，裝修這個事情「坑」特別多，環節特別多，資訊極度不對稱。所以，消費者在家居賣場看見的跟實際的家居不一樣，這是很現實的。

還有很多朋友看樣品屋非常不錯，就買了房子，裝完之後覺得跟樣品屋差十萬八千里，怎麼看怎麼彆扭，想推倒重來，但是已經花那麼多錢了，怎麼辦，很尷尬。線下選家具，到實體店親自體驗家具，體驗感是有，但是溝通成本比較高。

飯店餐飲管理
上篇 「互聯網＋」進行時

現在隨著互聯網的發展，不少家居手機軟體應運而生，無論是沙發，還是小廚櫃，只要是場景當中出現的，手機軟體（APP）都會提供產品的資訊直接購買，消費者足不出戶就可以在家裡面拿手機逛家居市場。從消費者的角度講，家居手機軟體簡化了購物的過程。消費者要到店裡去，還要停車、約人，甚至賣場裡還有一些甲醛的味道，整個過程還有好多不同的導購人員跟著，不會特別愉快。

現在利用移動終端，把這個東西在你的空間裡做一個展示，至少會讓大家在購物的過程中愉快一點，減少大家選擇的壓力和對資訊不對稱的恐懼。比如說情境化的示意可以用 3D 的效果展示，這可能更加直接一點。比如你可以把沙發放在虛擬的客廳裡面，前後左右都會有一些不一樣的體驗。

當然，現在來看，最理想的是尚在設計中的應用個性化產品推薦。用戶把需求輸進去，戶型怎麼樣，客廳多大，風格是什麼，它可能就會推薦一個給你。而且，不同的家具擺到示意空間裡面，可以隨意搭配，直到選定為止，非常方便。這對於有選擇困難症，或者不喜歡選，或者越看越多，越來越恐懼的消費者來講，都可以造成調整身心和促進消費的作用。另外，傳統家居市場，用戶體驗度不高，一些所謂的設計師都是銷售人員喬裝打扮一下冒充的，結果裝修得一塌糊塗。

互聯網＋和家居業的結合對消費者來說提升了不少體驗感，而家居賣場肯定有利益受損跟抱怨。不過對於商家來說，比如生產沙發的，生產櫃子的，生產其他東西的商家，則方便了很多。因為，這種模式第一是直銷，免除了賣場的成本，甚至免除了大量導購的成本；第二，沒有庫存壓力，顧客下單之後廠家再做這個家具。而傳統家居商都要猜，猜消費者今年喜歡什麼。廠家以前常年苦於沒辦法直接跟消費者聯繫，沒法直接跟消費者溝通，這種模式對廠家來說是按需訂製，因此互聯網＋對於他們來講是一個大好的消息。從這個角度來講，生產廠家多了一個很彈性的選擇。

對於家居賣場而言，目前是損失，長遠來講卻不是壞事。未來，家居賣場可能要讓利，可能要把現場設計得很好，要提供更好的環境，有更多的烘托，要在線下做到線上做不到的效果，這對他們來說也是一個進步。

可以說，互聯網＋推動各個行業不同消費鏈環節的創新，或者說倒逼他們進行不斷完善，讓消費者的體驗感越來越好。淘寶有兩樣東西賣得最好，一個是衣服，一個是家具。衣服要穿上身，家具要實際摸得著，但為什麼好賣呢？十年前，價格渠道加的價很多，衣服出廠的時候是十塊錢，賣的時候是一百塊錢，而現在淘寶電商只賣二十塊錢，要砍掉80%的價格。家具也是一樣，它賣出去也是加三四倍的價錢。所以消費者對其價格敏感度很高，這個東西放在家裡大點小點無所謂，只要價格便宜，就能推動生態的改變。到現在倒逼到家具生產商已經改變了意識，反而是渠道賣場必須在這個遊戲中進行改變才行。

在傳統家居體驗模式的基礎上加上互聯網技術確實能夠優化實體家居業在消費者購買場景中的體驗，讓大家對家具或者說對裝修風格的感受更加深切一些。家居行業先天就適合展示，比如說衣服穿一件、搭配一下就行了，但是家具一定要在一個空間裡面，所以線下的體驗也好，互聯網力量的變革也好，對它都是推動。比如說以前北歐的極簡風格，風格很簡潔。但是它適合一些小資家庭，或者說剛剛成家的人。還有現在有些場景體驗給你呈現整體生活方式，包括櫥櫃、衣櫃，還有的就借鑑其他電器的想法來提供服務，比如給你的房間進行客製，讓你無縫連接，讓你空間用得更順手。還有開發商講的每個房子的門把手都有三十幾款，每個都有故事。類似來講，這裡面的場景體驗的模式就會有特別多的發展路線，特別適合創意發揮，並且消費者願意買單。現在在中國很難找到一些有消費者願意買單的行業了，家具在這方面反而有良性循環，在別的行業沒有這麼突出，家居在利用互聯網之後確實有成熟效應。

以前，普通老百姓對家居設計很陌生，要專門請個設計師來弄，覺得家居設計師是很了不起的職業。但如果有這樣一個軟體，我們就可以變成自己的設計師，對自己的房間根據圖形添加不同的家具進行整合，可以省很大一筆費用，把這個成本放到買家居上面去，這樣對消費者來說又是一大利多。

舉個例子，時裝行業是怎麼來的。時裝行業的歷史有將近一個世紀，時裝行業只有一個版型，這樣就可以把個性化的訂製變成大批量生產。其實，每個人體型不一樣，所以版型只是約略接近而已，具體來說微調。

現在互聯網家裝也是這樣，幾種風格、幾十種風格或者幾百種風格，都不一樣。重點是用軟體能生成，相當於提供了時裝裡面的版型，減少了消費者的選擇成本跟選擇困難。消費者至少有一個最安全的選擇，至少知道最壞的效果會是怎麼樣。所以互聯網也好，家居業也好，利用這個工具有可能成為家裝現代化、跟上移動互聯網時代的關鍵一步，消費者也能得到實惠。

不過，在互聯網結合過程中，互聯網家居也會面臨很多挑戰。以前家居業傳統的生產經驗已經跟不上消費者的需求。消費者的眼界開了，資訊對稱了，知道哪些東西要，哪些東西不要。他會提出更高的要求，包括生產商、渠道商對科技化手段的應用、對客戶大數據的應用、對客戶服務體系的跟上。

例如，我前兩年裝修房子，選擇的那家家具企業互聯網化已經做得不錯，但是給我家裝修時前前後後來了七次，它總會有一些小問題沒有想到，沒有解決到。比如有時候門縫差了一公分，這個門開了，那個門開不了，那個門開了，這個開不了。會有很多這種問題，而且這種問題又是以前沒有遇到的，因為戶型不同。所以生產商、渠道商要迅速跟上互聯網化的步伐，要走得比顧客更遠。不能說顧客發現問題再倒逼，這樣的話就會輸給競爭對手。如果消費者不滿意，也會自己進行組合，可能用 A 家的設計方案、B 家的安裝、C 家的售後服務。這樣的話也會有一個新的玩法出現。

除上面說的這些以外，未來互聯網和家居會與人們的健康或者生活習慣更加相關。以前有一種說法叫物聯網，其實我覺得更準確的是叫人聯網，連接是人的資訊。好多所謂智慧家居就是人在家裡不用動，而是用手一按就能夠開窗簾，但這種不叫智慧家居，叫自動家居。所謂智慧必須有互動資訊，以後沙發用到一定的使用年限會有訊息給你，你是換掉還是賣掉，會有類似的感應器這種功能，讓你用得更舒服，讓整個家變成一個機器人，或者有一個人工智慧能跟你互動，關鍵能給你訊息，像衛浴裡面的一些資訊，也會成為你是否健康的指標。這樣住起來會比較舒服，用起來也會比較好。可能以

後還有衣櫃、衣服生成功能，每天早晨起來按照你的設計，給出你想要的衣服，或者你不用洗，放回去就清潔了。

互聯網家居未來的前景非常樂觀，也是值得我們期待的。但互聯網和家居行業也需要慢慢的磨合，可能磨合過程當中也會有或多或少的小痛苦。我們希望它們帶來化學反應，超出我們普通消費者的期待和預料，就是比我們想像的還要科技智慧化，和給我們帶來更多的便捷。

▌互聯網＋婚戀：世紀佳緣牽手百合網

　　2015 年可以稱得上是中國互聯網企業合併的一個大年，比如說滴滴和快的，58 同城和趕集，美團和點評，攜程和去哪兒等。在資本神奇的魔法之下，從相殺的對手到親密隊友，似乎一個晚上足矣。這股合體旋風隨後也侵襲到了婚戀市場。

　　2016 年 5 月 13 日，世紀佳緣公布了 2015 年年報，這將是它在那斯達克的最後一次財報發布了。5 月 13 日（美國時間）收市起暫停其美國存託股份（ADS）在那斯達克全球精選市場的交易，直白地說，它將退出那斯達克，回歸中國國內。

　　自從 2011 年在那斯達克上市以來，世紀佳緣保持了連續 18 個季度淨收入同比兩位數或以上的增長。2015 年，世紀佳緣淨收入 7.136 億元，同比增長 16.2%，穩占互聯網婚戀市場第一的位置。相比較營收，它在淨利潤方面的表現更值得關注──按照美國會計標準，全年盈利 5140 萬，同比增長 73.1%。它的 ARPU 值為 23.6 元，同比增長了 4.4%，平均每月活躍用戶數為 530 萬，截至 2015 年年底總註冊用戶超過 1.6 億。2013 年開始，世紀佳緣開始了它的 O2O 探索，業務全面轉型，戰略中心是「1 對 1 紅娘服務」，2014 年該業務收入 1.646 億，占公司總收入的 26.8%，2015 年，這一收入增長了 58.8%，占比上升到 36.6%，達 2.615 億元。目前，世紀佳緣的紅娘服務中心涵蓋全國 75 個城市，一共 106 家。

　　這一系列數據看上去非常好看，但是目前世紀佳緣並沒有一個核心人掌舵。現在的執行者並不能給公司帶來更加明確的未來，並且在婚戀網站市場，美國人的思維方式和中國人不一樣。所以有分析解釋說，中概股在美股市場過得並不好。的確，目前來講，中國概念股整體在美國的市盈率都不高，而且婚戀概念在裡面更是邊緣化，市盈率很低。

　　2015 年 12 月 7 日，世紀佳緣與 LoveWorld Inc. 及其全資子公司 FutureWorld Inc. 達成了合併協議與計劃。2016 年 5 月 14 日，這一計劃完

成,世紀佳緣成為母公司的全資子公司。而 LoveWorld Inc. 是 2015 年掛牌新三板的百合網全資子公司。

表面上看,新三板的行業老二百合網併購了退出那斯達克的行業老大世紀佳緣。其實不然,這只是一個過渡——準確地說,是世紀佳緣與百合網將重新組建一家新的公司,兩家公司合併,不是「收購」。LoveWorld Inc. 在中國國內映射公司為天津百合時代,百合網擁有 100% 股權,2016 年 3 月 9 日,百合董事會審議透過公司將天津百合時代的 100% 股權轉讓給公司參股的天津幸福時代企業管理有限公司——這家公司,百合網持股 28%。

天津幸福時代企業管理有限公司,成立於 2016 年 2 月 25 日,除百合網持有的 28% 股權外,剩餘的 72% 股份,將會在接下來的時間重新調整,一一映射成世紀佳緣以及其他投資人的股權。只是兩家公司合併後,股權結構如何,尚未知曉。可以確定的是,這是「合併」,而非「併購」。

2014 年互聯網婚戀網交友服務提供商收入規模排名當中,世紀佳緣、百合網、有緣股份、真愛網的市場份額分別是 27.6%、15.3%、14.9%、14.2%。世紀佳緣和百合網合併之後要占據大概 40% 的市場份額。雙方的這次合併,一是可以抱團取暖,增強實力,為以後的市場洗牌做好準備;二是兩個網站的業務結構太相似,從行業整體上來看,這是一種資源上的分散。這兩家的打法和風格很像,其他小一點的婚戀網站與他們是錯位競爭,所以這兩家合併是其他婚戀網站完全代替不了的。從某種意義上講,他們的玩法跟其他競爭對手已經拉開了距離。

目前,全世界的婚戀市場沒有一個特別清晰的模式。韓國的婚戀網站可能有熟人社交的成分,而日本婚戀網站是不能收錢的。在別的國家,似乎線下婚戀店又特別發達,跟我們的房地產仲介店一樣。整個市場都沒有一定之規,全世界也在看這兩家的合併。

事實上,世紀佳緣和百合網合併之後,或者它們倆形式上合併、股份合併之後,兩家都會存在,不像其他網站合併兩個剩一家,比如優酷、土豆剩一個。而且,他們還會有更多空間,像攜程和去哪兒,兩邊都會繼續留下來,兩邊的客戶、服務都會延續。

世紀佳緣和百合網合併後，會員原來是哪家的還是哪家的，只不過收費的服務後臺會打通，數據會更多。這次整合更多是兩家對自己業務的整合，等於兩家網站不用互相競爭了，而且資訊還共享，這確實有1加1大於2的效果。

另外，世紀佳緣與百合網的合併，促成了2016年中概股私有化回歸第一案例。世紀佳緣與百合網的合併，百合網的價值在「名」或「表」，是新三板掛牌的殼；世紀佳緣的價值是「實」或「裡」，是優良資產與良好的財務表現。在線婚戀市場的行業老大與老二的合併，就是搶占先機，讓新公司變得「名符其實」。世紀佳緣讓新三板的百合網更為充實，百合網讓退市的世紀佳緣搶占時間窗口，更早上市交易。這就好比戀愛的男女，歡喜冤家，執子之手，互為依靠。

正如婚姻需要的不只是愛情一樣，需要在一起過日子。世紀佳緣和百合網合併之後，還會面臨一些問題，而且面臨的問題和挑戰很大。它們面對的是移動互聯網時代，原來的婚戀方式在改變，原來的人群在改變，事實上大家說是不是熟人社交、情境社交會被替代。在我看來，它們真正面臨的不是別人，而是它們自己。所以它們準備開線下店，會有更多的保護客戶隱私、改善客戶體驗等一系列做法。

從這些條件來講，它們現在是在一個很好的市場，要做的是戰勝自己，不用擔心其他對手的競爭。因為很簡單，熟人婚戀市場其實是不成立的。一個人認識一百個朋友已經很多了，但是陌生人，大數據一天可以推一千個，一千個選一個，選中機率肯定比一百個熟人要高。而且，它會給顧客做篩選，顧客自己有一百個熟人，而它在陌生人裡面找最匹配的一百個，當然這還有挑選的技術在裡面。它們也在做大數據，在做個人用戶樣貌的描寫。這個東西要做好、做到有效果，還是個很大的挑戰。

有人擔心，這兩家合併，客戶資源共享，會造成一些客戶資料洩露之類的問題。其實，這種擔心不太必要。現在包括在電商上，客戶所有的個人資訊，除了婚戀情況，其他所有都能被看見。大公司還會根據客戶不同的購物行為，推斷出客戶是什麼樣的人、收入情況等。

在現在的時代和科技高速發展之下,隱私已經不再是隱私了。因為大數據掃描一個人可以達到95%的準確性。所以你註不註冊,沒有太大的區別,這不是一個網站的事情,是整體互聯網安全都要重視的問題。

聯姻對於這兩家來講是必須要走的一步,再不走就來不及了。而走了這步之後它們面對的是自己的問題。它們如果在一到兩年的時間裡轉型得快、跑得快,可能就能夠過這個關;如果跑不快,可能會被其他網站趕上。究竟未來的婚戀網站市場會怎樣,我們只能拭目以待。

互聯網＋運動服裝：李寧需要「吳秀波化」

智慧穿戴早就已經進入我們的生活，從手錶到眼鏡，確實給生活帶來了很多方便。2015 年 7 月，李寧聯合小米生態鏈子公司華米科技，正式推出了兩款智慧跑鞋。作為中國運動鞋服傳統品牌的李寧推出新款跑鞋本不是新聞，但這次發布的兩款跑鞋卻顛覆了李寧公司以往的產品，穿上這種鞋跑步，人們能夠獲得自己在運動時的相關數據。

其實，不管是李寧公司發表的這兩款智慧跑鞋，還是其他以前出現過的智慧跑鞋，都有兩個功能，一個是在鞋裡面置入的晶片能採集跑步數據，另一個是它能夠用自己所謂專業的數據算法進行計算。一個是監測，一個是計算。智慧跑鞋會採集跑步的距離、速度、路線、卡路里消耗，包括前後腳掌落地狀態分析，會產生一系列的數據，然後透過獨特的算法計算，報告到小米的 APP，使用者就能夠看到。這其實就是一個監察、分析、回饋的機制。所以，很多跑步的人穿上它會有一個比較新奇的感覺——畢竟是一個會把自己的東西變得可視化、數據化的產品。

以往，一提到智慧穿戴產品，人們往往覺得它很高大上（高端、大氣、上檔次），價格肯定不便宜。但是這次李寧發表的兩款智慧跑鞋，最貴也還不到 400 元。所以有些朋友心裡犯嘀咕，價格這麼便宜，質量有沒有保證呢？

實際上，這個低價位跟李寧、小米這樣的公司有關，尤其小米是做生態鏈的，跟合作方談的條件比較苛刻。比如產品原來賣九百元，小米跟它合作，小米參股、雷軍給它在微博上推廣、掛小米的品牌，但原來賣 900 元的產品現在要賣 190 元，好多人談不妥，當場被嚇跑了。因為小米在價格上切一刀，壓成本甚至壓到肉裡的章法確實很厲害。從某種意義上講，李寧跟小米合作，我們甚至懷疑，本來李寧的鞋就是這個價格，它只是加了一個晶片。成本方面，它可能量產，100 萬、200 萬雙把成本攤薄了。另外，可能小米的生態鏈有一些補貼在這裡面。因為小米已經估值有四五百億美元了，每雙鞋補貼一二十元也補得起。從這個角度講，價格便宜倒不影響鞋的品質，因為有一些隱含的補貼在裡面。

李寧作為中國最為知名的本土品牌之一，這兩年交出的成績單並不讓人滿意。公開財報顯示，李寧公司 2014 年淨虧損達到 7.8 億元，這已經是公司連續三年虧損。2014 年上半年，就在其他多家運動品牌淨利潤表現出現好轉的時候，李寧公司依然巨虧。為什麼？

李寧公司其實是經濟結構調整中受到巨大衝擊的犧牲品。李寧曾經是 Nike 和 adidas 之外的第三大體育用品品牌，在中國國內是第一大品牌，它在 2008 年也就是李寧參加奧運會開幕式的那年達到了全盛高峰。但是那一年它開始換標。李寧公司的整個經營方式落後於這個時代，比如它對人口紅利的判斷、對年輕化的掌握都有問題。它本身規模就大，調整起來壓力也大，結果所有的體育用品，比如鞋、襪、衣服等庫存都很多。虧損就是因為庫存太多，庫存太多就是因為對消費者的趨勢和偏好的判斷出了問題。某種意義上就跟普通女裝、男裝一樣，大量的庫存讓它一直虧，停損特別難。像別的小品牌，可能以前只有它市值的幾分之一，轉型很快，沒有那麼大的負擔。而且李寧有很多實體店，實體店多，壓力也很大。所以李寧公司的日子不好過，所有的壞事它都遇上了，包括它的團隊，以前找的都是香港、臺灣的投資者以及新加坡等地的海外華人。這批海外華人從來沒有做過 10 億人的華人市場，他們年紀很大，經驗都是城市的經驗。李寧也比較好說話，給了他們很大的授權，結果換一批不行，再換一批還不行，換了三批都不行，最後李寧親自上陣。從目前看，虧損有所收窄，但是畢竟「敗軍之將，難以言勇」，長期以來累積的很多問題還要慢慢消化。

老話說「窮則思變」，李寧公司正在遭遇業績連續下滑的挑戰，所以宣布推出智慧跑鞋也不足為奇。李寧在很多科技公司當中選擇小米公司來合作，真的是煞費苦心。但是，李寧和小米的強強聯手是否能夠幫助李寧公司扭轉下滑的業績，有點取決於運氣成分，不過從目前的方式來看是對的。比如這次的兩款智慧跑鞋，採取的是 O2O 的辦法，就很好地解決了庫存的問題。先訂然後再出產品，這樣好控制整個成本，不至於再出現以前那樣「生產 100 個，只能賣 50 件，剩下 50 件送都沒人要」的情況。另外，小米在智慧硬體方面有一個開放式的思維，但又有攻擊性很強的行為，一般的小公司、小品牌受不住這麼強大的壓力。李寧虧損了三年，總共虧了二十多億，市值

飯店餐飲管理

上篇 「互聯網+」進行時

七八十億，不見了一大半。這個公司最壞的事情已經發生過了，小米給它帶來的衝擊用廣東話講就是「灑灑水」，所以它反而願意跟小米玩，哪怕三刀六洞，再激烈的方案，它可能都會配合。事實上，李寧進軍智慧運動這一塊的決心也很大。雖然我跟這家公司沒有商業合作，但是我跟李寧私下接觸很多，他是很謙和的人，而且骨子裡特別愛運動。之前我跟他開玩笑，「你的廣告不要找某某運動員，看上去比較樸實，沒有明星相。」但是他說他就喜歡跟運動員在一起。所以他對運動或者對智慧運動的專注，應該是回到了他最喜歡、最熱愛的事情上。怕就怕這個，他只要喜歡這個事情，投入資源去做，總比再繼續做衣服、庫存堆積如山要好。李寧公布這個合作的當天股價漲了，之後7月15日李寧的股價也微漲了一些。香港市場最近也是兵荒馬亂，特別像體育用品，已經毫無新鮮感。所以我覺得，它還能有一點變化，說明資本市場對這個事情還有一點點期望值，就是有曙光，但能不能做成還是看它的運氣。

小米有自己的APP，有上千萬的活躍用戶，能夠為李寧智慧跑鞋在社交化互動體驗方面有所助益。小米的一些消費群體，也可以為李寧帶來一些潛在的用戶、潛在的消費動力。小米用戶是很活躍的社交群體，李寧則還不懂怎麼樣與年輕人對話，正好互補。李寧給硬體，小米給軟體，一個負責強一個負責慢，加起來就是「慢慢強大」。所以這個組合還行，互補很明顯：小米懂的事，李寧這個品牌一定不會懂，而李寧懂的事，小米不會做。這種組合我覺得反而有趣。

有人擔心，這次李寧和小米聯手推出的低價跑鞋，號稱媲美千元級的跑鞋，產品聽起來貌似無可挑剔，但是產品有沒有市場呢？

關於這個問題，我講一個故事，兩個賣鞋的商人到非洲去，非洲是沒人穿鞋的，樂觀的人覺得市場很大，悲觀的人覺得很絕望。現在穿戴智慧設備市場的現狀是，蘋果的手錶好一些，而其他各類手環也就是百萬級的銷售，而且用起來的效果不是很好，消費者還沒有特別接受這個東西，但是鞋子會好一些。我們以前開玩笑，有人問神父說：「我祈禱時抽菸行不行？」神父說：「絕對不行。」另外一個人說：「我抽菸的時候能祈禱嗎？」神父說：

「還不錯。」現在的情況就是這樣，專門一個智慧設計，讓它加上一雙鞋子，大家會覺得很怪，但是本身就是一雙鞋，然後附帶一個智慧的東西，大家接受起來會容易得多。這個小小的轉換對於中國的消費者來講是很重要的。因為中國的消費者是全世界最「傲嬌」的消費者，大家對 CP 值極敏感，而且可供大家挑選的產品特別多。在這種情況下，誰先做智慧跑鞋，誰就能夠在市場上做到快、占有率高、編的故事多，可能就會有一個比較大的、推動這個市場的作用。

其實 Nike、adidas 也做過智慧跑鞋，但是銷售不佳，前面銷售的放晶片的牌子已經不做了，另外一個也在斷貨，這是為什麼呢？其實，這不是說明它們對硬體產品不看好，而是說明它們不擅長。為什麼不擅長？因為他們缺乏像小米這樣花錢來「燒」市場的行為。很多外資的互聯網公司在中國都慘敗，中國的互聯網公司他們都看不上，覺得不可靠、看不懂，可最終他們都被本土的互聯網巨頭打敗了。從這個意義上講，外面的經驗對中國智慧跑鞋不會有特別大的參考作用。它做成了，不一定說明中國能成，它做不成，不一定說明中國也做不成。從這個角度來講，我比較看好這個市場。

關於智慧鞋子，有人問，有多少人會低下頭，或者是在脫鞋的那一刻，從中去提取一些數字進行分析呢？有沒有必要？

實際上，這個事已經變成很傻瓜化的了。它就是一個 APP，最後都是在手機終端上看，基本上不用看鞋子。對它們來講，就是一個 APP 顯示你今天走了多少路，一個手環能做到這個事，鞋子也能做到。

現在市場上的智慧設備很多，沒法判斷它到底有多準確，所以就看誰做得好，誰做的客戶體驗好。這些東西的成本都不高，比如手環是一兩百塊錢一個，鞋也是幾百塊錢一雙，價格不太會成為干擾。但是功能怎麼樣，用起來是不是舒服，APP 是不是好玩很重要。另外，我覺得它以後甚至會有娛樂功能和其他功能，它變成年輕人的一個時尚用品，這樣的可能性更大。因為僅僅打健康牌是不夠的，它所有的健康功能都是輔助性的。

跟國際大牌 Nike 等在智慧跑鞋上的布局相比，李寧公司發力較晚，但是比較有針對性，比如價格比較低。在這種情況下，李寧公司能夠後來居上嗎？

其實，這不太取決於李寧公司，而取決於中國的消費者。李寧已經很久沒有驚喜給大家了，大家會覺得它是一個大叔品牌，而且是比吳秀波還老的那種大叔，又不帥。但是吳秀波看上去比較時尚一點，所以李寧公司現在做的事情就是把李寧「吳秀波化」。這個方向是對的，這個節奏也對，但是大家能不能接受，就取決於它推廣的時候能不能觸動消費者。這裡面有運氣的成分，也有操作的成分，所以要看它真正推行時候的具體玩法。因為李寧的智慧跑鞋從 CP 值和功能來講都是可以接受的，至少是不錯的東西。

那麼，李寧公司應該從哪些方面來著手提升業績呢？我認為，應該找新的產品，包括智慧化、智慧穿戴，鞋也好、衣服也好，還有其他東西都是可以做的。還要研究消費者的特點，消費者喜歡什麼東西，他們真正需要什麼，要有一個排序，集中資源去做這個事，而不是透過把自己變成一個跨國公司，用各種管理、層級這種可能已經落後於時代的方法去做。還是要回到產品本身，要回到一個年輕的公司，回到一個創業的公司，把以前的包袱丟掉，把以前成功的經驗都忘掉，重新當作自己什麼都不懂。

說完李寧，我們再說小米公司，這次李寧公司選擇它作為自己的合作夥伴。現在流行跨界，跟專業人合作，做自己不專業的事情，從中分得一杯羹。這在將來會是一種趨勢，小米這麼做，360 也在這麼做，包括 BAT（百度、阿里巴巴、騰訊）都在這麼做，但是它們不指望這個東西賺錢。就跟帝國版圖一樣，要把這個地方擴張，所謂此消彼長，你占領了這塊市場，這個市場掛著你的旗號，對對手就是一個擠壓。大的互聯網公司還是在做這種分割、侵占。所以對傳統公司來講這是一個好的機會。

新玩意 3D 列印怎麼玩？

　　說到 3D 列印，有些朋友非常熟悉，日常生活中普通印表機可以列印電腦設計的平面物體，3D 印表機則能列印出立體實物，列印機器人、玩具車之類的東西都不再是夢想。2015 年 7 月，中東阿聯酋的杜拜宣布利用 3D 列印建一個樓房，聽起來不可思議。有人感慨「3D 列印竟然已經離我這麼近了」。媒體報導說，3D 列印的作品通常都是不太大的物件，印象當中汽車算是 3D 列印作品中體型比較大的，而現在杜拜挑戰 3D 列印作品體型記錄了。

　　很多人質疑，用兩公尺高的 3D 列印設備建造的樓房安全嗎？事實上是安全的。因為所謂的 3D 列印辦公樓是按照圖紙設計來進行的，所謂的列印就是生產和施工，像我們做蛋糕的時候要擠奶油擠出花來一樣。辦公樓的列印材料是混凝土、石膏和塑料，這個是很堅固的。房子的建築在全世界有幾百年的歷史，如何設計一個房子使它結構穩定、安全，現在都已經不在話下。3D 列印的特色在於它很貴，找工人蓋一個鋼筋混凝土的房子的成本比這個低很多。所以杜拜蓋 3D 列印辦公樓是一個燒錢的事。

　　理論上，3D 列印的樓是一體成型的建築物，假如圖紙設計完美，會比我們手工拼裝的房子要更好些。像車一樣，一次性成型的大車總比拼起來的更安全。從這個角度來講，3D 列印倒是一分錢一分貨，貴有貴的道理。

　　這樣說來，是不是一些地震好發區的建築可以用 3D 列印去做呢？地震好發區可能有一兩個建築以 3D 列印作為象徵性的標誌符號，大量的學校、民居住房還是不要用這個，成本太高，比一般的貴很多倍。

　　現在，3D 列印技術剛剛開始滲透進我們的生活，但它是所謂 3D 列印裡面最低端、最基本的應用。列印一個人偶、一個娃娃，是比較初級的，而且技術難度不高，成本也低。但是這跟列印一個建築物出來的成本與效果都差很遠，像中國已經有 3D 列印建築，世界各地也有 3D 列印房屋的設計比賽，這些東西都不錯、挺好用。而且它可能在性能上、環保上還有舒適程度上，都比拼裝的強一點。但還是那句話，太貴。列印一個人偶，在商場裡面要價幾十塊錢、幾百塊錢是可以的，如果要價幾千塊錢大家就都跑了。

目前來講，3D列印技術在醫療方面用得最多。2014年8月，北京大學團隊成功為一個12歲男孩植入了3D列印脊椎，這是全球首例。照這樣，以後換一個牙齒，這個牙齒可能就是3D列印技術列印出來的。醫療對3D列印技術的需求特別明確，牙齒、脊椎類似這樣的東西本身不複雜，就是需要材料夠好、耐腐蝕，這恰恰是3D列印的長處。在醫療健身方面，大家願意支付費用，花錢治病，花錢買健康，花錢買器官，大家掏錢買這些東西比買人偶要痛快得多。在這個角度上，醫療是3D列印很大的突破口，或者是一個很大的亮點。

3D列印將來的發展空間非常大。據瞭解，為了讓學生瞭解尖端科技，很多大學還開設了3D列印課程，讓學生在課堂上進行藝術創作，進行3D列印、打模、上色的一些操作，非常與時俱進。我相信這個專業將來很可能會變成熱門。

目前，3D列印在全球的發展已經有了絕對性的突破。美國海軍用3D列印製造艦艇的零件，航空航太領域也有一些零件使用3D技術製作，電動車也開始有這樣的嘗試。這些東西都是以前想都不敢想的。前一陣子都在講工業4.0，3D列印技術在某種意義上是工業革命的一種，是更少量、更精準、按需訂製、按設訂製的東西。目前來講，這個市場的前景也非常好。因為有一個最有利的事情是，3D列印只要設計出來，就能做出來，很多情況下它變成了一個創意、設計的產品。很多學生要學到這個創意，學習利用3D列印進行產品設計，能夠所見即所得。這對於未來我們的生活和工作方式都會帶來一個很大的改變。很可能一個3D列印工程師坐在家裡設計，把所有的資訊輸送到生產單位，生產線就開始生產。像哆啦A夢裡面的神奇道具一樣，想列印什麼就能夠列印什麼。比如，將來女性朋友起床後隨便想穿什麼樣的衣服，腦子裡面有一個圖案，衣服就可以列印出來。不過，這會直接影響服裝產業，服裝生產可能會變成個性化、按需生產的。當然，可能設計不好看，列印出來不合適的可以不穿。更傳奇的是，白天穿完的，晚上放回去就可以降解，第二天還能列印全新的。這可能就圓了都市女性多年來的一個夢，每個女性都覺得衣櫥裡缺一件衣服，現在每天早晨可以挑。

現在我們在想這些 3D 列印技術的時候，可以天馬行空地去幻想或者想像。在十年前去說 3D 這種技術，別人會說你一定是瘋了。現在確確實實只有你想不到的，沒有做不到的。拿出手機隨身拍，透過網路連接 3D 印表機就可以列印實物，這不是夢，不是科幻電影對未來的想像，而是我們身邊正在發生著的 3D 列印帶來的製造業技術革命。大家可能沒有想到，3D 列印技術其實已經誕生 30 年了，第一代 3D 印表機誕生於 1980 年代的中後期，是以列印模型為主。但十年前很多朋友還不瞭解這個東西，最近幾年 3D 列印技術才為大家所熟知，而且發展非常好。為什麼 3D 列印不早也不晚，偏偏這個時候猛烈發展呢？

　　3D 列印跟電腦基本上是同時發展的，電腦發展加速，3D 列印也發展加速。因為 3D 列印的核心在於機器數據的運算，這不是光靠人解決的。我們傳統製造業需要模具，一個手機的模具，一個 iPhone 6 的模具，本身很值錢，有很巨大的成本。而 3D 列印不需要模具也能生產，本身有大數據處理的能力。以前為什麼慢？第一，電腦數據處理能力跟不上，同時還沒有那麼多的數據。第二，很現實的問題是 3D 列印跟電腦比，多了一個東西，它要有原料。塑料、樹脂、金屬這些都是原料，這些原料如何變成 3D 列印的東西，相關的技術開發需要比較長的時間。第三，價格很貴，3D 列印打成小的手槍，85 萬美元一支，實際上買一支手槍只要 850 美元，可能差了一千倍，所以 3D 列印產生不了規模效應。第四，做了一個東西出來，知識產權該怎麼解決？這是法律現在還需要摸索的東西。這項技術的應用裡面還有很多問題，這些問題讓 3D 列印技術以前一直發展比較慢，現在技術發展太快，大家反而無所謂，先試了再說，有一個足夠大的商業應用，能解決我們剛剛說的很多問題。

　　當然，將來會有一些部門來進行監管，比如說什麼樣的東西是可以列印的，什麼東西不可以列印，或者將來哪些東西要進行審核或者申報才可以列印。像剛剛說的手槍，不是隨便每個國家、每個人都可以列印出來玩的，沒有列印的時候也不能隨便拿一個手槍在家裡放著。所謂「道高一尺，魔高一丈」，所有的技術發明都會帶來對原有社會秩序和社會規則的顛覆與突破。3D 列印目前爭議這麼大，就是因為它的很多東西處在邊緣，包括對器官的應

用是不是符合醫學的倫理、符不符合人類社會的標準，這些都有一個很激烈的爭論。

還有一些不法分子利用 3D 列印做違法的事情，比如說他們會利用 3D 列印技術列印一些鈔票。鈔票本來就是傳統模具裡面的高端技術，3D 列印很可能就替代了這個技術。我們看電影裡面的情節，為了爭奪鈔票的模版搞得雞飛狗跳，可能有 3D 列印技術就能解決這個問題。當然，這也需要更多的開發，在防偽上也會有相應的對策，於是就能不斷循環下去，把這項技術繼續推向更深入的層次。

還可能有人在想，3D 列印可以列印骨骼、牙齒這些器官，那直接列印一個人出來好了，這樣就會陷入到混亂當中。這是一個倫理上的衝突，它能列印一個人，但是這個人沒有思想。最可怕的是，可能列印出來一個機器人，既有很靈活的身體，又有高度發達的人工大腦，這可能是對人類很有殺傷力的武器。像有部科幻小說寫的，蘋果和 Google 製造出來的機器人統治了全世界。3D 列印在這一塊一定會引起很多爭議，因為它不僅替代現有的問題，而且可以製造出現在沒有的問題，列印出大家沒有想像到的東西，像打開潘朵拉的盒子一樣，很可怕。

但是，就像人工智慧一樣，這些問題一定有辦法解決，因為 3D 列印確實有用，而且解決了很多我們現在沒有辦法解決的問題。剩下的問題就是怎麼讓它理性有序地納入現成的遊戲規則中。

電商上市衝擊波

2014年是中國農曆的馬年，這一年，中國的電商公司也如一匹奔騰的千里馬，跑出了刺激和精彩。中國的大型電商公司上市，成為普羅大眾所關注的重要話題。兩大電商巨頭——京東和阿里巴巴先後分別赴美上市，激起了資本市場的層層熱浪，讓華爾街和世界資本市場為之震驚，為之喝彩，他們共同譜寫了中國公司的傳奇。

京東上市：難做的好生意

京東在農曆的大年三十（2014年1月30日）向美國證券交易委員會提交了IPO招股書，正月過去後，IPO進展撲朔迷離，尤其是一再傳出邀約中國幾大互聯網巨頭作為基石投資者站臺背書，則是情理之中。

大半年前，京東創辦人與實際控制人劉強東就去了美國，雖然公關口徑是說去留學，但是正常的商人都知道，他在美國，應該是忙上市這頭等大事。畢竟電子商務概念過去一兩年在中國市場的反應不算太好，除了做平臺的淘寶一家獨大之外，其他B2C一類的電商都活得不太好。即使是上市後的當當網與唯品會，總規模與影響力也有限。這時候衝鋒陷陣IPO，有點像是京東的勝負手，咬著牙關上市拿到錢是第一位的。

事實上，由招股書提及的最高融資15億美元來看，也就是90億元人民幣，其規模比起預期的要小，還不如京東上市之前的各次融資數量。從2011年開始，京東已經累計完成融資超過100億人民幣（具體約為109.46億人民幣，約合18.06億美元）。有趣的是，這次京東披露的股東資訊與財務資訊，與之前一段時間的各類公關文章的數字都有較大差別，此處就不展開討論了。當然，我們的分析還是要以京東提交的招股說明書為準。2013年前三季度，京東商城淨營收為492.16億元，比2012年同期的288.07億元上漲70%。在這樣的數字對比下，中國最大的B2C公司融資額15億美元真的不多，主承銷商美銀美林和瑞銀證券的態度似乎保守了一些。但是，從更嚴格的財務狀況來看，能夠拿到15億美元已經算不錯了。京東在招股書之中說明，在2013年前三季度已經實現盈利6300萬美元，而上一年同期淨虧損14.24億

美元。只是這盈利中的很多都源自利息收入。該公司持有的現金及現金等價物只有 14 億美元，而應付帳款卻高達 17 億美元。考慮到劉強東和他的合作夥伴還準備繼續擴張，該公司的財務狀況短期內難以得到改善，因此，投資者對於這個中國亞馬遜的故事有多少認可，在當時是個大問號。

2014 年正月開始，關於京東的傳聞不斷。本來，資本市場的遊戲規則是，公布招股書之前，準備招股融資上市的公司先把各方關係安頓好，利益談得差不多，然後在 IPO 前盡可能地保持低調，先拿到錢再說。這是擬上市公司所謂的「不求有功但求無過」的方法論。不過，對京東而言，從 IPO 招股書亮相那一刻起就安靜不下來了，關於京東的消息可謂是八面來風，資本、產品、市場……局面不僅不消停，比起以往更熱鬧。

當時有消息稱，京東在上市前分別向騰訊、百度、360 發出邀請。就像前文所述，京東積極尋找合作夥伴的行為其實不難理解，大多數公司 IPO 申請之前都會邀請一些知名公司作為戰略投資者申購公司股票，即成為基石投資者。引進基石投資者，在一定程度上是給擬上市公司做背書，給不確定市場的 IPO 一個穩定劑。而對於中國的互聯網生意以及中國的市場，又是中國的互聯網巨頭最清楚，所謂此消彼長。京東是電商之中的第二大組織，還有希望跟阿里巴巴體系的淘寶網、天貓商城產生牽制，對於與阿里體系鼎足而立的騰訊與百度，參股京東的戰略必要性不言而喻。早在數年之前，百度李彥宏的個人入股就是如此。此時有輿論稱，這幾家入股京東，可能占股比例偏小，所以顯得可有可無，與中國互聯網巨頭一年來動輒十幾億美元收購控股的大布局路數不合，這也是現實。招股書中披露，該公司創始人劉強東團隊持股 18.4%，但劉強東為單一股東的公司 FortuneRising 也持股 5.3%，即劉強東個人控制的股份為 23.7%。老虎基金持股 22.1%，高瓴資本持股 15.8%，DST 持股 11.2%，今日資本持股 9.5%，沙特投資公司王國控股公司持股 5%，紅杉持股 2% 等。劉強東將京東股份設置為 AB 股，劉強東持有的 B 類普通股，其 1 票擁有 20 票的投票權，而其他股東所持有的股票為 A 類股，其 1 股只有 1 票的投票權。所以，引入騰訊或者是其他巨頭，都不會影響劉強東的控制權。當年百度上市，李彥宏也是設計了類似的 AB 股，就是為了防範其他投資者三心二意的行為對公司造成的波動，回頭看確實大有

必要。阿里巴巴2013年本擬在香港聯交所IPO，也是希望有類似的創始人控制的董事會設計，最後因交易所方面不配合而暫時擱置。而說實話，面對京東這個生意，顯然沒有比劉強東更適合的操盤者。其他股東即使真金白銀地花多少錢投資進去，也實在不可能跟劉強東來爭奪話語權。資本做資本的縱橫捭闔，創始人做創始人的實際業務，才是較好的分工。

說回電子商務本身，這在中國是一門潛力巨大、前程錦繡的好生意，但在現實之中又是非常難做的生意。我曾經花三年時間，寫完了一本由1999年以來的中國電子商務的編年史《電子商務創世紀》，到了2013年，一方面是講各種數據支持，未來的空間如何巨大，另一方面是講大量的市場份額與利潤都集中到了淘寶天貓系統，引流量拉客戶的成本每年增加，營銷來來去去還是脫不開價格戰的低層次水準。整體而言，實在感到還在自營的大小電商們深陷於中國互聯網裡面最苦、最累的一個領域，京東雖然規模巨大，但是並沒有殺手級的應用可以技術性擊倒競爭者。招股書表明：京東現時在34個城市建立有82個倉儲中心，並且在460個城市建有1453個快遞站、有1.8萬個專業的快遞員。而這15億美元融資也將主要用於倉儲、物流等基礎設施的建設，以及為一些潛在的投資併購提供資金支持，這個平實的敘述或許是事實，但是真不是一個特別令資本市場眼前一亮的新故事，這也是為何IPO之前紛紛擾擾的客觀因素。

2014年5月22日晚，京東在紐約的那斯達克交易所上市，劉強東帶領眾位高級主管和家庭成員赴現場親眼見證京東的敲鐘儀式。

其開盤價為21.75美元，和發行價格相比，漲幅達到14.47%，至此，京東的市值達到297億美元。IPO之後，劉強東所持京東的股份占總股本的比例為20.68%。如果以開盤價計算，劉強東的身價已逾60億美元。5月22日當天，位於時代廣場的那斯達克MarketSite大廈對面最顯赫的兩塊LED大螢幕上滾動播放著帶有「JD.com」的廣告。那斯達克首席執行長格雷菲爾德在致辭中說，京東是真正具有創新性的科技公司，也是目前為止中國公司在美國最大的一單IPO。劉強東表示，本次IPO的直接融資加上騰訊的認購，共融資逾30億美元。

京東集團的發行價最終定為 19 美元／股，如果承銷商不行使額外購買美國存託股票的期權，那麼這次公開發行股票預計共募集到的資金多達 17.8 億美元。京東預計將在交易結束時募集 13.1 億美元，另外還將透過私募融資同時以首次公開發行價格向騰訊發行 138014720 股 A 級普通股，募集 13.1 億美元。這意味著京東在當時創造了中國互聯網有史以來最高的 IPO 融資紀錄。2004 年騰訊公司上市時融資額是 14 億港幣，百度 2005 年上市時融資額是 1.09 億美元。京東上市時，華爾街對阿里巴巴的實際融資額進行了預測，預計能達到 150 億～250 億美元。而京東之所以會搶在中國最大的競爭對手阿里巴巴之前上市，就是為了避免被阿里巴巴分流資金。

阿里巴巴的香港心與美國夢

京東成功赴美 IPO 之時，阿里巴巴的上市時間和地點還籠罩著一層面紗。2014 年「3・15」的第二天，阿里巴巴宣布要到美國去上市。耐人尋味的是，上市計劃的具體細節未曾披露。這與京東在 2014 年農曆大年三十公布 IPO 招股書形成強烈反差。不過，當時有人覺得，阿里巴巴此舉是「項莊舞劍，意在沛公」，馬雲心中還有一個香港夢。

其實，阿里巴巴希望在香港以「合夥人」這種特殊的股權結構上市一事，在 2013 年意外地演變成一場從香港金融界蔓延到普羅小市民的大辯論。馬雲為了讓阿里巴巴能夠在香港上市，已經在 PR（公共關係）方面全力以赴。一方面是對香港社會大力宣傳「形象工程」，除了邀請香港媒體前往阿里巴巴位於杭州的總部參觀，還專門安排香港的大學生到阿里巴巴實習。馬雲還公開述說自己將在香港度過晚年，也已經買了養老的房子。他的原話是「我愛香港，每次望著維港景色，我的心情就特別的輕鬆⋯⋯全世界的交易所都邀請阿里上市，但我希望香港是阿里上市的首選地」。只是，話說到這個程度，現實的香港人還是沒有配合。上一次阿里巴巴 B2B 業務的上市與退市，使得當地的投資者對馬雲耿耿於懷。加上近年對於中國企業家「土豪化」的描述，故此，有關阿里巴巴要求出身投資銀行摩根大通的港交所總裁李小加，針對阿里巴巴提出的「同股不同權」要求，賣萌地寫了個自己的夢境，虛擬了各方角色的發言來表明自己的難處。按照本城觀察家的分析，其實李小加

是很想促成這單有史以來最大的 IPO（募集資金超過 150 億美元，約合千億元人民幣），只是香港社會各方輿論壓力太大，港交所與阿里巴巴體系隔空對話多次，最後也未能講妥條件成事。這並非完全是管理層不願為眼前利益而犧牲長遠利益和香港市場的聲譽，只是擺不平各方關係而已。

雖然十幾年來，不時有郎咸平等財務專家抨擊香港證券監管體系相當軟弱落後，類似於巴基斯坦證監會水準，但是曾幾何時，香港的證監會與聯交所也有過兩次腰桿比較硬的時候。1980 年代英資的怡和系撤資以及 2012 年曼聯俱樂部在香港上市的時候都提出過的「同股不同權」要求，香港有關部門也都有過考量，但是最後都予以拒絕。這次加上拒絕阿里巴巴，可以說是多年來香港證監部門難得的三次「堅挺」。

不過，馬雲與香港談到這一步，已經是圖窮匕見。互相祝福對方，可以看作是商界的禮貌，也是一刀兩斷的信號。到美國 IPO，成為阿里巴巴 2014 年的頭等大事，原因之一在於等不起了！中國概念股的 IPO 從 2013 年第三季度以來紅紅火火，陸續有中小公司搶赴美國 IPO，而美國的量化寬鬆三期政策也基本在秋天終結，2015 年更可能加息！換句話說，美國資本市場在歷經三年多的上漲之後，將很大可能面臨資金緊張以及指數回落的轉折點。阿里巴巴必須要在盛宴結束之前搶到一個席位。原因之二，此時 IPO 是對競爭對手的有力阻擊。京東商城是電子商務領域離阿里巴巴體系最接近的一家。在京東商城的 PR 文章之中，也會不時提及電商雙雄的字眼，強調京東模式如何與天貓淘寶競爭云云。一方面，京東的 IPO 才十幾億美元，也就是百億元人民幣的規模，而且勉強盈利的財務報表，與年賺 400 億元的阿里體系確實不是一個重量級。但是另一方面，即使是這樣，阿里體系同時 IPO，此消彼長，勢必能夠壓迫京東本來就有限的融資規模，運用合法傷害權使對手難受，本是中國互聯網的常見事情，也就不必多分析了。原因之三，美國資本市場是全球最大、最成熟的股市，這是伺促一隅、港人當家的香港交易所根本無法比擬的。一家有理想、志在「102 年老店」的公司，到這裡上市，也是最終目標。坊間擔心，阿里體系結構複雜、多元混合持股，美國的證券監管文化犀利、律師擅長集體訴訟等問題。這些固然存在，但是對於募集資金百多億美元的阿里來說，這些既是問題，又不可能是多大的問題。小股東能

夠聘請律師，大公司能夠聘請更加有影響力的律師，在上市結構以及以後公司運作方面，自然能夠算無遺策，盡可能堵塞漏洞，防患於未然。這方面，阿里巴巴對美國證券監管體制有信心，更對於美國的投資銀行有信心，能夠找到一個讓阿里上市的最合適方案。

事實上，阿里巴巴為巨額 IPO 向資本市場講述了一個比較完美的中國互聯網故事。具體的亮點部分包括財務表現和業務發展兩方面。目前阿里巴巴是中國最賺錢的民營企業集團，這個已經有足夠說服力。同時阿里的業務故事主角可謂星光熠熠：淘寶和天貓以及在此基礎上生長出的電商巨擎，新浪微博、來往等社會化電商產品，美團、高德等 O2O 概念企業，以菜鳥為核心、其投資的海爾日日順為補充的物流體系，淘寶旅行、投資的旅行網等在線旅遊產業，音樂、影視（投資文化中國）、Tutorgroup 等在線娛樂、教育產業，還有阿里雲旗下的智慧手機、智慧電視，甚至前不久與美的合作拋出的物聯網概念。而且，雖不在上市打包資產中，但與整個阿里巴巴集團存在巨大想像空間的阿里小微金融服務集團的業務——金融和數據，這可以說是最豪華的互聯網春晚巨星組合了。

還有值得注意的有趣跡象，就是公布即將到美國 IPO 之後，馬雲在「來往扎堆」裡罕見地披露自己將展開全球旅行，7 天內密集到訪美國、法國、義大利等多個國家，「醞釀」將中國國內和國外的商品對接。另外，由馬雲助理陳偉撰寫、半官方性質的圖書《這還是馬雲》的英文版本也正如火如荼地籌備於下半年在美國上市。因此，阿里巴巴的美國 IPO 可謂箭在弦上，沒有懸念了。

阿里的一小步，中國公司的一大步

終於，時間的指針指向了 2014 年 9 月 19 日，這一天，阿里巴巴整體登陸紐交所上市，成為了中國互聯網行業的春晚。不管是大 V 還是小程式設計師，19 日的那 24 個小時，無論是微博還是微信，許多人都感受到了馬雲與阿里關鍵詞洗版帶來的巨大衝擊。

撇開上市公司必然會談到的商業模式、管理與文化、估值與股價等因素之外，我們看到，阿里巴巴的整體上市是一個明確的信號，一個中國公司在全球經濟體系的里程牌。這是阿里上市的第一個關鍵。

按照上市首天的收盤價格計算，阿里巴巴的整體市值達到2314億美元，超過中國幾大銀行，超過了中石化、中石油、中國人壽與中國平安這一批透過各種形式壟斷而「長胖」的中國公司，也超過了美國股市上的寶潔、IBM、輝瑞、豐田、可口可樂、美國銀行、Intel等這些代表了商業文化精華的藍籌公司。這對於長期與山寨、廉價、勞動密集等貶義詞彙在一起出現的中國公司來說，無疑是一個革命性的突破。這個英語教師出身的IT技術門外漢，令人不可思議地領導一家互聯網企業走向了全球前五，甚至前三。

不能不說，這次的紐約之行，馬雲接受採訪時候的一系列表達，比起評論家更加準確，也更有高度。例如，人們在電視直播時候聽到最多的應該就是這一句：「我們帶回來的不僅是錢，而是信任。」當然，還有非常到位的是馬雲的另一句話：「阿里上市，華爾街、矽谷、商界都說有了來自中國的全球性公司。原來他們心中的印度企業家是全球性的，比如百事可樂、微軟的CEO都是印度裔。現在他們說，中國的全球化公司也來了。但坦白說，我們的全球化才開始。」

長期以來，因為經濟發展階段、語言、文化以及商業環境的不一樣，中國的公司與中國的企業家，在全球化的浪潮之中是比較邊緣化的。而這次阿里的IPO，由中國的管理層主導、由中國的公司自主定價、甚至是由八個與資本市場毫無關聯的草根來進行敲鐘，這一系列非常中國的做法，為阿里IPO的圓滿完成增加了許多亮點。

誠然，我們不是狹隘的民族主義者，但是商業社會一樣遍布不同集團的利益。「馬雲們」到全球股市的核心高地融資200多億美元，然後僱用全球化的精英，為中國為主的用戶服務，這顯然是好事，「馬雲們」的縱身一躍，也為中國公司爭奪到了更大的生存與發展空間。

阿里巴巴的成長對於中國內地的商業生態造成了巨大的衝擊。由無到有，由小到大，阿里的發軔與上市，至少為「中國夢」提供了一個比較有說服力

的例子。比起其他電視機、電冰箱或者房地產公司來說,「馬雲們」與用戶的關係也更加富有時代感。但這個奇蹟對很多中國人,尤其是一些極端民族主義者來說,則多少有些尷尬。因為,中國傳統的金融體系不可能催生阿里這樣的企業,銀行不會在初期給阿里貸款,中國本土的風險投資和 PE(市盈率)更多是注重關係,習慣性地上市前突擊入股,中國的證券市場也不會接受阿里巴巴的股權治理結構。所以,阿里巴巴是中國公司,但本質上不是中國製造,而是由完全迥異於中國的海外風險投資制度、金融制度催生的。這就更加說明阿里這個奇蹟的稀有性:在中國這種金融制度框架下,原本是不應該出現阿里這樣的公司的。

有關阿里整體上市的各種評論之中,我最受觸動的是柳傳志先生的大實話:「中國互聯網公司的成功,是外國人——特別是美國人——的錢,投出來的。中國的投資者包括我,是沒有膽量去投資這些帶有創新型的公司的。因此這些互聯網公司,實際是外資公司,而在中國,對這類公司從業務到上市規則都有非常嚴格的限制,所以才有了 VIE 結構(可變利益實體)。政府一方面強調創新、創業,另一方面各種舊的規則,不利於發展的觀念在根深蒂固地限制著這類創新的發展。」同樣是這個現實,悲觀者覺得中國的中小企業沒有未來,但是如果我們換個角度來看,有了一個如此龐大的阿里帝國的示範效應,這對於中國的投融資體制、對於資本市場的基本設計,都能帶來劇烈的蝴蝶效應。至少,我所接觸到的大批中國投資者,已經對於中國的創業項目給予了更多的信心與更實際的資金支持。

日漸成熟的阿里電商平臺,儼然已成為虛擬世界的強大帝國。這個趨勢將鼓舞更多的中國公司投奔互聯網,要麼是轉型、要麼是接軌。在全面鋪設好了資訊流、物流、資金流等基礎設施,供大大小小的商業細胞組織們相互交易之後,這個商業帝國的總設計師——馬雲率領合夥人們,已經與雅虎及軟銀在博弈之中達到均衡。未來,「馬雲們」會面對更多的股東聲音,更加蕪雜的法律關係以及更加多元的資本市場利益團體。阿里的董事局執行主席蔡崇信在回答媒體有關阿里未來發展的提問之時,就答道:「首先是做大電商業務,其次是進入新的領域,另外是涉及國際化戰略的落地。」可見對電子商務產業鏈的投資和國際化仍將是投資的主線。

事實上，在阿里之前，也有很多優秀的公司在海外資本市場嶄露頭角。例如上市當天升幅3倍多的百度，在香港股市締造了股價十年上漲百倍的傳奇的騰訊。但是，這些企業因為上市太早，當初規模太小，反而錯過了在資本市場上發力震撼的最好時機。美國資本市場上的中國概念股，雖然經常聽到它們的新聞，但是其規模在2014年9月19日之前可謂無足輕重。根據虎嗅網的統計，2014年一季度排名前27位的中概股市值合計僅為1474億美元，不到美國上市公司總市值的1%，這27家企業市值加起來相當於一家亞馬遜、小半家Google或四分之一個蘋果公司。而千呼萬喚始出來的阿里，一上市就等於前50家的中國概念股市值。有了阿里，中國概念股的陣營才算是初具規模。

從商業模式的視角客觀評估中國國內諸多企業，多數企業還處於價值鏈模式階段。它們圍繞價值鏈構建商業模式，其競爭戰略幾乎都聚焦在差異化或低成本。這導致許多企業的競爭戰略、營銷戰術趨同，盈利能力下降。因為強調低成本，往往造成低利潤率，而差異化的成本越來越高。解決這些問題，唯有向更高級的模式迭代。有的企業進入到價值網模式，但隨著企業規模擴大，企業發展遭遇到不可避免的天花板，價值網的協調能力面臨極大挑戰，逐漸失去競爭力。隨著產業互聯網時代的到來，以價值經濟為主要商業模式的產業互聯網將逐漸興起。震源深度波及各產業價值鏈的深層次，進入金融、供應鏈、智慧產業、教育、醫療、農業、交通、運輸，全方位深層次的互聯網化。各產業將形成一大批「阿里」，大門剛剛打開，企業若想走向商業價值的巔峰，就要像阿里一樣不斷迭代自己的商業模式。

阿里巴巴的股價可能短期會被高估。這麼大規模融資的股票，上市的一年之內，股價通常很難有非常好的表現。但是，國際投資者對於中國市場的潛力肯定沒有高估。就像PayPal創始人馬克斯評價的那樣，「阿里巴巴這樣的中國互聯網公司的企業文化非常連貫，員工個人和公司的利益高度重合，像投資這樣能同時照顧到員工和股東的公司無疑是最佳的選擇。」事實上，互聯網科技企業在股票中的估值和投資貴金屬是一樣的，都存在一個增長週期，這個週期大概是5～10年。在這個短週期內會存在波動，就和期貨走勢一樣。從這個角度來看，阿里巴巴的未來，至少還有一倍的成長空間。

到 2015 年年中，京東上市已一年有餘，阿里巴巴也已超過半年。兩家公司的股票均有不同程度的下跌，而京東，更是在 2014 年第四季度淨虧損人民幣 4.54 億元，淨利潤率為－1.3%，全年淨虧人民幣 50 億元，淨利潤率－4.3%，成為京東成立以來虧損最嚴重的一年。而資本市場對阿里巴巴的熱勁也在逐漸消退，不過，不論京東和阿里巴巴兩家公司的股價如何，IPO 不是他們的終點，而是起點。在移動互聯網時代，他們還應繼續行走在前進的路上，要更好地生存下去，不斷改善和提升自身的經營思路和理念，讓公司始終充滿新鮮的血液。這才是站穩資本市場的基石。

微信紅包引發支付變局

羊年春節，騰訊公司推出的「搖一搖」微信紅包活動，成為春節期間最熱門的話題。

我們來看看下面這一組數據：2015年春節期間，微信用戶紅包總發送量達到10.1億次，搖一搖互動量達到了110億次，紅包峰值發送量為8.1億次／分鐘。支付寶紅包收發總量達到2.4億次，參與人數達到6.83億次，峰值為8.83億次／分鐘。除夕當晚的紅包首發總量均以億計：微信紅包發送量10.1億次，支付寶達到2.4億次。

除夕當晚，紅包大戰背後的本質其實是移動支付大戰，微信紅包的大紅大紫表明微信想透過移動端顛覆支付寶在PC時代支付領域的霸主地位。2015年春節，微信迅速引爆的巨額綁定用戶數量，足以對支付寶帶來前所未有的震撼。本來2004年年底由阿里巴巴打造的支付寶，其用戶達到七八億，被看作是阿里集團業務最深、最廣闊和最主要的「護城河」。這個類似無敵艦隊的寶貝，幾乎被業界認為是線上支付方面無堅不摧的利器，這兩年正憑藉餘額寶等一系列金融創新給傳統金融業帶來巨大的挑戰。殊不知螳螂捕蟬，黃雀在後，支付寶揚眉吐氣的日子沒多久，就被微信支付這個年輕的後輩緊逼上來，怎麼能不讓「馬雲們」嚇出一身冷汗？

更可怕的是，這個後來者的功能未見得有多完善，安全性也經常引來質疑，但是，僅僅依靠「移動互聯網」這五個字，透過滴滴打車支付的計程車司機包圍戰術與微信紅包引爆這兩場快攻，就已經硬生生地在互聯網金融之中打響一個字號，搶占一定份額。最要命的是，在微信紅包病毒式狂歡傳播的時候，其他巨頭竟然毫無辦法，既不能找到類似的產品來正面對決，又無法在傳播上遏制微信紅包的長驅直入。這種被動挨打的感覺，一定非常難受，也很容易產生恐懼的氣氛。

這樣活生生的完敗案例，怎能不讓傳統的金融界銀行巨頭們以及傳統的PC互聯網老大哥們戰戰兢兢？殷鑑不遠，Nokia全盛時期的2700多億美元市值，五年後，只值幾十億美元。

所以，在互聯網公司裡，已經有老大們敲響警鐘。他們對公司上下明說──任何沒有在微信上發過紅包、領過紅包的人都是需要自我反省的，說明你對新產品、新思維缺乏擁抱的態度。不要說你不是產品經理，互聯網時代，需要的是全員營銷、全員服務，否則你就將很可能是一個跟隨者，因為只有深度的參與者才能讓自己的脈搏和這個時代一起共振！

無論是微信紅包還是支付寶紅包，雙方都讓移動支付的概念達成前所未有的普及。喧囂過後，雙方均有得有失，均有難題待破。

1. 支付寶：無須迷戀社交入口

微信紅包的戰略意圖非常清晰，就是先做用戶習慣，再豐富支付場景，從而提升騰訊自身在移動支付市場的地位。微信本身作為一個社交平臺，在春節期間借助紅包這一工具搶占移動支付入口。也就是說，其本質是以社交為主，支付和電商為輔，將支付和電商服務於社交，從而讓自己的社交生態圈更加完善。

而支付寶的本質和微信是截然不同的，它是支付工具，其線上線下的支付都來源於天貓、淘寶這兩大電商平臺。而這兩大電商平臺所累積的商戶、品牌資源和用戶習慣及品牌影響力，是支付寶背後支付場景的關鍵支撐點。

微信的火爆表現讓阿里巴巴心驚膽顫，並對社交耿耿於懷。其實，對於支付寶而言，它不需要對社交入口如此迷戀。紅包對於微信等社交平臺上的用戶強化、激發社交平臺的活躍度與用戶黏著度就像一支強心劑。紅包雖然讓支付寶的打開頻率得到了很大的提升，卻無法賦予它社交屬性。雖然紅包強化了微信的用戶黏著度，但一場紅包大戰依然無法對支付寶多年培育的支付場景與生態形成顛覆。

2. 微信支付生態系統應該與阿里巴巴的電商生態系統有所區別

微信紅包未來可能會有兩種走向，一種是將會逐步潛移默化地培育未來用戶在移動社交領域的移動支付習慣，透過紅包培育基於社交的新的支付入口，逐漸蠶食移動支付市場的份額，再逐步豐富支付場景的鋪設，對於阿里巴巴集團而言，微信的這種做法不可掉以輕心。另一種是，由於支付場景的

欠缺，春節紅包過後，用戶開通支付，綁定銀行帳戶，紅包沉澱下來的資金沒有足夠吸引用戶的場景來消費，微信支付、手機 QQ 支付隨即沉寂。

　　無論是微信、還是手機 QQ，其共同難題在於，如何有效打造成一個以個人為中心的包括社交與生活服務的生態系統，而這個生態系統，需要與支付寶背靠天貓、淘寶兩大電商平臺的支付生態系統區分開來，與支付寶的支付場景做到差異化，比如 QQ 紅包的支付場景是由 Q 幣、QQ 會員、QQ 遊戲等由財付通與 Q 幣衍生出來的支付生態系統。手機 QQ 手握大量付費用戶，Q 幣、遊戲儲值用戶數量巨大，是歷史累積資源，這是手機 QQ 發力移動支付的優勢資源。接下來，手機 QQ 與微信的難題都在於如何架設足夠豐富與之相對應的移動支付的消費支付場景，這是與阿里電商相區別的支付生態，當然，電商也是騰訊的基因弱項，這也在考驗騰訊決策層與產品層的智慧。

　　對於支付寶而言，它在此次春節紅包大戰贏得了足夠多的品牌曝光率，足夠多的用戶打開頻率，並相對地培養了用戶的支付習慣。但從本質上來看，支付寶並不需要喧囂與熱鬧，而是需要安全與可靠，並需要在產品體驗上有效契合阿里巴巴電商平臺所架設的移動支付場景，如何發力自身的電商平臺優勢，補齊移動端產品弱點，將產品與移動場景結合，做到足夠的創新，這既是支付寶需要做好的本職，也是它的難題。對於巨頭之間的戰爭，必然是需要打好自己手裡的牌，而不是眼饞對方碗裡的肉，把一手壞牌打到足夠好，好過把一手好牌打爛。

3. 巨頭之間的互相開放與連接才是驅動移動支付產業發展的重要前提

　　對於兩者而言，春節紅包都提升了各自的品牌曝光、綁定量與用戶活躍度以及在移動支付行業中的影響力。春節紅包是推動用戶綁定量與移動支付習慣形成的一張牌，但不代表移動支付的全部，也並不足以塑造用戶未來對於移動支付使用的持久慣性。對於騰訊而言，切忌過於強化紅包對於支付的意義，把紅包提高到移動支付的戰略高度，而忽略了生活服務支付場景的塑造與消費者購物的轉化率。對於支付寶而言，切忌把社交作為一種心病而忘記了基因塑造力決定產品落地原點與最終走向。另外，對於移動支付產業大

局而言，既然騰訊與阿里之間，你有的都是我缺的，各建封閉圍牆，始終不利於移動支付大局。

支付寶紅包分享被微信封殺之後，微信曾放話：「什麼時候微信支付接入阿里生態圈再來談紅包社交分享。」可以看出，微信支付不能接入到阿里生態圈也同樣是騰訊的心病。社交與電商，本來需要一個連接與融匯點才能達成最大的爆發。而未來的移動支付產業，可能未必是騰訊、阿里說了算，未來的變量更在於蘋果等國際巨頭NFC支付的普及與推進。這類似於滴滴打車與快的打車面臨Uber等國際巨頭入侵的時候，也懂得最終握手言和。移動支付入口最終並不是紅包說了算，互聯網巨頭之間應該推倒各自的封閉圍牆，互相開放與連接，才是驅動移動支付產業發展的重要前提。

當然，除了上述的問題之外，無論是微信還是支付寶，或者是以前的淘寶網，它們都有一個共同的商業模式：免費。對於這些互聯網公司的商業模式，很多人一度都是持懷疑態度的。很多人會覺得說你們這幫人太狡猾，一定是先免費把對手都幹掉，一家獨占壟斷了之後，然後再巨額收費。這是用落後的眼光看日新月異的互聯網，是有失偏頗的。現在的騰訊QQ、防毒軟體、安全服務，在互聯網上誰要敢收費，誰就馬上被用戶拋棄，因為後面還有很多的競爭對手等著免費來搶市場。

今天互聯網上免費的商業模式，就是讓一家企業把產品與服務的價值鏈進行延長，你在別人收費的地方免費了，贏得了用戶，你只要想辦法創造出新的價值鏈來收費，就能賺到更多的回報。微信不收你的通訊費，讓你們每天用微信，對騰訊來說是巨大的用戶群。但是，它只要在微信裡給大家推廣遊戲、推薦商品，就能輕鬆地賺到比背著壟斷之名的中國移動每年收的簡訊費還要高的錢。

從現實來說，不是每個企業都可以做出微信，也不是每個企業都可以做出淘寶。但是在移動互聯網顛覆的大潮下，以往的商業規則在土崩瓦解，以往的價值鏈在重構。在很多細分行業、類目、區域，都存在整合和制定新規則的機會。比如在各個行業都屢試不爽的供應鏈金融，比如在全中國各地都遍地開花的P2P，比如各種O2O。真正具有企業家精神的經營者，在全世界

最大的移動互聯網市場上,還是可以找到很多機會,實現創業或者原來產業和企業的轉型升級。

15歲維基百科的成長煩惱

2016年1月15日維基百科迎來了15歲生日。這一免費的網路百科全書現存超過3800萬篇文章,有290種語言版本,是世界上最大的單一知識儲存庫。我們在生活當中總會時不時遇到一些不知道的事情,嘗試在互聯網上尋找答案的時候,最後的連結往往都會指向維基百科。現在世界各地的人們都可以透過維基百科來獲得新知識,世界各地的作者也可以不斷向維基百科貢獻新知識。

維基百科是人類文明史上的一個創舉,因為跟別的網站比起來,它是全球被連結次數最多的網站。很多教師、學者、記者、學生、論壇參考研究人員等都會用到它,甚至有的網友會拿它來預測電影的票房。某種意義上,這其實是人類漫長的歷史裡面一直等待出現的東西,是一個活著的百科全書。在維基百科上面幾乎什麼問題都能找到答案,而且大家還可以參與改造答案。它的互動性和參與性特別強,所以有一些政客、公務員甚至明星,就會在上面修改很多內容,修改自己的身高、三圍數字、教育背景等。甚至你會發現,這些內容很快又會被別的眼尖的網友糾正。它成了一場攻防戰,成為一個特別有參與感的事情。

事實上,它還是人類歷史上最大的合作項目,以前修金字塔、長城,很多人一起做,現在「雙十一」、「雙十二」的電商活動也會有好多人一起參與。現在基本上每時每分每秒都有人在改維基百科上的內容,所以這其實是人類文明或者智慧的一個特別大的成果。雖然類似的其他百科很多,但是跟維基百科比起來還是有相當大的一段距離。

維基百科慶祝15週年之際,創始人吉米‧威爾斯說維基百科的目標是成為人類所有知識的集大成者,為人類歷史提供高質量的記錄,讓地球上每個人都能夠免費獲取所有知識。在這些年裡,來自世界各地的志願者們已經在上面提交了數百萬的文章、照片、插圖,還有一些資訊來源。作為在全球範圍內備受關注的網站,維基百科目前除了擁有「世界上最大的單一知識儲存庫」稱號以外,在訪問量等方面也有一些驚人之舉。這個網站現在平均每個月有5億人次訪問,5億人次的數據並不代表什麼,可能一些娛樂網站或

者其他非主流網站的訪問量也很多,但是維基百科有 8 萬名志願者定期編輯頁面,每天增加 7000 篇新文章,每小時有 1.5 萬次的編輯。而且,不管是編輯、修改還是貢獻內容,水準都相當高。因為它裡面談到的問題都是知識性的,都跟智力有關,純消遣的很少,要正經八百把它看完或者修改其實還是要費點勁的。

按照通俗的想法,這樣一個在全球都受歡迎的網站,其創始人的身價必然不菲。但是維基百科創始人的身價目前僅僅是 100 萬美元。根據創始人吉米．威爾斯在維基百科上的詞條,他現年 49 歲,來自阿拉巴馬,是一個無神論者,身價 100 萬美元。一個「活的百科全書」的創辦人,他的身價為什麼會是 100 萬美元,而不是億萬呢?

其實,吉米．威爾斯要成為億萬富翁應該不是很難,這是他的個人選擇,跟他的商業模式有關。他現在完全拒絕廣告,不給贊助商頁面,也不上連結。互聯網上維基百科的流量現在排第七名,可能它在前一百名或者前兩百名裡面都是最乾淨的。這跟個人取向有關,吉米．威爾斯的商業模式就是捐贈:你覺得這個好,就給個 3 塊、5 塊,1 塊、2 塊都可以。而且,據我所知,他也不需要或者說不鼓勵大筆的捐贈,比如投資基金、石油大亨給他一大筆錢,他都不要。

事實上,排名前一百的大網站,甚至前一千家這種大網站之中,已經商業化的太多了,或者說太商業化的更多。商業化其實就是一個證券化、資本化的過程。維基百科甚至不需要做廣告,只要開放股權,允許那些創投進去,價格可能就迅速被抬得很高。但是,他選擇拒絕,他可能是互聯網裡面的一個另類,值得尊重。

現在來看,維基百科的核心也非常簡單,就是「知識」。它本身並不賺錢,它的迅速崛起,顛覆了一系列社會和商業模式。但是由於維基百科一直堅決反對在自己的頁面上植入廣告,堅持獨有的捐贈模式,未來維基百科要想繼續生存和發展,僅僅依靠捐贈模式恐怕是難以為繼。維基百科的頻寬、用戶維護,對這個網站有一個巨大的要求,在技術上、維護上有巨額成本。維基百科現在已經有全世界第七大流量了,要再往下發展的話,僅僅靠這些模式

是不夠的。所以，目前它要做一個艱難的決定：到底要不要商業化，商業化的程度多少，商業化之後怎麼走，是不是理想。現在誰也不太瞭解它，它也不需要出來向大家解釋、道歉，也不需要跟大家有感情的溝通。未來，它要發展的話無非有兩個可能：一種可能是把維基百科的一部分進行有限度的商業化，這個可以接受；另一個可能是，利用維基百科的巨大技術能力和品牌商譽，做一個平行的、衍生的東西，有用戶，有互動，也可以做一些交流。我覺得後者的可能性更大，就等於我在家養了一隻貓，這隻貓很可愛，我不讓牠參加比賽，不讓牠商業化，但是我圍繞著貓可以有一些別的做法，比如說拿這個貓的肖像去做個衛生紙廣告、做個花生油廣告，會有一些變通的辦法。在互聯網時代，有用戶，有流量，要轉化的話還有很多機會，關鍵看它如何選擇。

那麼維基百科現在用什麼來維繫它的整個生存和發展呢？「物以類聚，人以群分」，它吸引了一群對這個事情有興趣的人。這也是中國自媒體講的「人格魅力體」，比如有人開一個自媒體，就有很多人願意來幫他做事。所以從目前看，員工工資也好，硬體也好，維基百科維持生存是沒問題的。志願者本身不是員工，維基百科可以沒有成本，可以利用他們的熱情，24 小時做很多完全不一樣的東西。但是回到所謂的發展主流、回到一個正常的公司運營上，維基百科可能還是需要有一個自己的團隊、自己的架構，這個對它來講就是一個選擇的問題了。

吉米．威爾斯一直以來拒絕商業化，也因為其後面有一個更廣闊的美國商業背景。我們可以稍講寬一點，比方說在美國，我們介紹很多戰略諮詢公司跟美國的大公司，美國有幾家公司是豁免的。不管臉書怎麼做，那些報導對它都是寬容的。但是其他公司，比如說沃爾瑪、通用等，如果不按傳統商學院的核心競爭力等一套東西做，就會受到很多抨擊。美國的商業文化是這樣，有突出的主流，但是它給另類空間。從這個角度講，維基百科不完全商業化或者說不資本化，其實是因為吉米．威爾斯壓力不太大。舉個最簡單的例子，他一百萬美元的家產，按照我們北京的房價來算，可能只是兩套房子。美國富豪跟咱們不一樣，又不拍電影，又不找明星，也不買名牌包，也不做貴西裝，都穿套頭衫，所以 100 萬美元對他們來說已經足夠了，甚至還要多。

這與他的價值觀和生活方式、與他身邊的群體都有關係。如果他身邊的人都要買包、買貂皮，情況可能就變了。開玩笑說，他到了中國東北也許馬上就商業化了。這是一個社會風氣的問題，無所謂好壞。對他來講，置身於那種環境、那群人中，他的物質慾望沒那麼強。祖克柏也只是買幾萬塊錢的日本車。沒有經濟壓力，他做起來會輕鬆很多。而且身邊的商業環境又允許他不一樣地存在。

不過，他不缺錢，並不意味著他的子公司不缺錢，或者說不需要這些錢來慶祝 15 歲生日。維基百科母公司維基媒體基金會宣布成立全新捐贈基金，並在未來 10 年融資 1 億美元，從而支撐公司更長久的發展，或者是至少幫助公司度過當下週期性的一個財務難關。這麼看來，維基百科拒絕商業化，某種程度上其實是得到了母公司的認可，它們兩個的價值觀是比較一致的。

維基百科完全跟傳統的、主流的西方商業世界不一樣。它沒有太多連貫、長期的發展願景，包括它對自己的身分也很困擾：到底是一個非營利性的社會中介組織，還是一個提供百科全書的科技公司？但是說實話，這個不用擔心。像互聯網時代的去中心化、去多元化一樣，它只要有用戶、有流量，就沒有太大問題，剩下的就只是選擇的問題。它要選擇商業化，可能會犧牲一部分聲譽，犧牲一部分原來的用戶，也能有自己的價值。我覺得，未來融資 10 億美元對它來講很容易。

維基百科的前景是很樂觀的，在互聯網世界只要滿足了人類的需求，抓住痛點，得到用戶的認同，最後或多或少都能有發展，只是發展得好與壞、快與慢的差別而已。維基百科是全球所有類型之父。它吸引的粉絲本身也是所謂互聯網世界甚至實體世界裡面愛思考、對真理有期望的這類人。從這個角度來講，肯定是有價值的。這是外在條件，而內在問題無非是管理層混亂，或者這一類公司包括臉書，嚴格來看也是上市後才進行規範化的東西。所以這種公司前期都是在狂奔，拚命擴展自己的影響力。對它來講需要盈利、需要變現的時候，可能再停下來想。事實上從過去的商業世界的歷史來講，這種公司要找到好的 CEO 的機率還是比較大的。只要還在朝陽期、還在發展中，找到好的 CEO 不是很難，萬科就是如此。從這種角度看還是比較樂觀的。

到底能不能做成偉大的、跨越時代的公司，像臉書那樣成為大巨頭，從目前看不太樂觀。產品本身不是情緒主導型，不是容易糊弄的東西。我們看中國國內類似的包括知乎這樣的東西估值都不太高。不是每個公司都做世界巨頭，不是每個人都要上富豪榜。從這個角度來講選擇適合自己的方式並不是壞事。對這家公司來講，不要太喧鬧，太浮躁，大家繼續每天工作，包括49歲的「大叔」每天在更新詞條，有時候看還是挺美好的事。

在追求商業利益的背景之下，維基百科無疑是情懷的堅守者，除了情懷，其實還能夠在維基百科身上看到其他亮點。未來再過15年還會有什麼樣的變化，我們也拭目以待。

互聯網餐飲案例：西少爺肉夾饃內鬨

「西少爺肉夾饃」這幾個簡單的大字，沒有過多設計感的招牌，從創業伊始可以說是火爆京城內外。這個品牌的創始人既不是經驗豐富的投資人，也不是餐飲行業的領頭者，而是三個西安交大本科畢業生。這本不是什麼新鮮事，不過最近他們出了點小小的問題，值得我們關注和總結一下。

李彥宏曾經這樣說過，以一個互聯網人的角度去看傳統產業，你會發現有太多事情可以做。西少爺肉夾饃的三個創始人——宋鑫、孟兵、羅高景，創業之前在互聯網公司工作過，是正宗標準的「IT男」。而且孟兵大學時的專業是自動化，羅高景的專業是電腦，宋鑫學的是土木工程，都是理科男。

三個和餐飲一點不沾邊的年輕人正是憑藉著理工男一頭跳進水裡的拚勁，把小店開起來了。創業之初，他們把店面選在五道口清華科技園的旁邊，店面非常小，不到十平方公尺。但三位負責人的分工非常明確，孟兵主要負責對外宣傳，宋鑫主要負責肉夾饃等產品的研發、生產以及廚師管理工作，羅高景主要負責店面的運營。聽起來三個人的責任都很大，但是三個文質彬彬的大男孩，守著這麼一個小店做肉夾饃、賣肉夾饃，真算是一道獨特的風景。

創業路不是輕鬆的，他們做的是肉夾饃，哪個地方肉夾饃的最好吃？西安。他們要在北京開店賣肉夾饃，就得有特別的方法。比如說製作方法，他們就得放棄傳統的方式，要另起爐灶，直接換成電烤箱，感覺又不對，最後慢慢研究，總結出一套程序之後，保證所有的產品都有一個精確的線性關係，味道做到了最好。

他們還一起創造了很多計算方式，這是理科男的獨特之處，什麼東西都可以用公式算出來。比如說控制鹽的多少，切肉的碎度，還有饃的厚度等，會拿個尺量一下。很多人聽著可能會覺得做個肉夾饃，至於嗎？還上升到什麼研發層面，可是還真是這樣，要想在那麼多肉夾饃中脫穎而出，還真需要一點真功夫。比如說5公斤的肉得加多少水，放多少調味料等。肉夾饃配方研發出來後，就發起長時間的試吃，首先團隊幾個人自己吃，覺得滿意了，

將範圍再擴大，最終擴大到一百人。一百人的試吃是在清華做的，感覺就相當於一個產品發表會。

西少爺肉夾饃的核心產品就是他們苦心研製的陝西關中肉夾饃，最難得的是保留了關中肉夾饃的古老味道。除此之外，西少爺還提供健康蔬菜系列肉夾饃，還有現磨的純豆漿、涼皮等很多經典美味。在經歷了一系列準備之後，小店終於開門迎客了。

口味越來越挑剔的顧客到底買不買他們的帳呢？回過頭看，之前他們的努力沒有白費，公式沒有白算，開業頭炮打得很響亮。開業當天原本打算賣1200個肉夾饃，結果一上午就賣完了，三個小夥子很忙碌。讓他們沒有想到的是那一天之後，很多新聞開始關注他們了，而且在搜尋指數當中，他們的受關注熱度在一週的時間內直線飆升了1000%。

頭開得不錯，但是對於宋鑫、孟兵、羅高景來說，這還不叫成功，讓更多人瞭解西少爺、喜歡西少爺才是他們下一步的努力方向。這個時候他們開始盤算另外一個問題了，怎麼樣打開知名度。他們既沒有大量的資金，也沒有夠硬的人脈，只好在細節上下功夫，好在他們是有想法的「IT男」，這些都不是問題。

他們首先在定價上做文章，透過比較他們發現，正宗的肉夾饃在北京市的售價一般是九塊到十塊。他們如果想吸引顧客，就應該先以低價取勝，他們把自己的價格定在七塊錢。除了價格比一般市場價格便宜，他們饃裡的肉也比一般的多一點點，給人感覺物美價廉。

當然，也不能忽視品質，西少爺肉夾饃在這點上可以說是走上了前端。同為創始人的羅高景、孟兵對肉夾饃產品細節特別在意，而且制定出精準的參數指標。比方說肉夾饃的直徑一定要達到12公分，為什麼？因為這樣大小作為早餐一個夠了，如果說直徑小一點，可能吃一個不夠，吃兩個又多了。再比如說，西少爺用來裝肉夾饃的是紙袋，成本比普通塑膠袋要高出十倍。但他們依然不滿意，而且打算自己研發出既透氣又防油的紙袋，看來理科男做餐飲生意還是有好處的。既能夠處處運用所學知識，還能夠不斷研發與創新。

這些做好了，更重要的一點就是營銷，沒有營銷和宣傳肯定不行，所以他們在創業開始時就下足了功夫。關於他們的很多文章在網路當中圖文並茂地開始傳播開來，包括他們的創業故事等。比如說他們曾經傳播一個創業故事，說他們曾經是大公司員工，看似風光無限，其實都承受著巨大的工作壓力，成為大公司外表光鮮的符號，但是個人理想卻無法實現，每天和一百萬人擠北京地鐵 13 號線，體驗各種落差感。雖然是 IT 企業高級工程師，有著不菲的收入，但作為一名土生土長的西北人，遠離家鄉的美食實在難忍，在深圳、北京、上海沒有吃過讓自己滿意的肉夾饃，於是決定自己做一個。

這些真切的感受和細膩的表達，點燃了許多聽故事人的夢想，撥動每個人心底最柔軟的神經。當然這個故事充滿了戲劇性，IT 公司的高級白領跟賣肉夾饃的競爭，新奇的人物角色和極富衝突的故事情節開啟人們的好奇按鈕。

他們的營銷文章讓不少人想探尋一下廬山真面目，想看看這家店到底是什麼樣，肉夾饃到底好不好吃，於是就有一波接一波的人從網路世界來到他們的實體店。很多人說味道還不錯，然後就開始一傳十，十傳百。當然，肯定會有不喜歡的，但是不管怎麼樣，他們輕鬆創造了一百天內銷售了二十多萬個肉夾饃的記錄，讓人們再次相信了網路的力量。

除了有亮點的文章，實際的推廣也不能少，在開業優惠的日子裡面，除了常規的免費贈送之外，還有向互聯網人致敬的活動。凡是持網易、搜狐、Google、百度、騰訊、阿里巴巴員工卡的顧客都可以獲得一份「免單」（免費的訂單）。把文章分享到微信朋友圈，你獲得一個按讚也能夠獲得一份免單，還鼓勵用戶到「大眾點評網」進行網上評價。就這樣靠著互聯網快速傳播，以及一個接一個的創新點子，西少爺粉絲數一路飆升，品牌做響了，客流量也能夠保證。當然，西少爺也沒閒著，繼續在服務上滿足更多的顧客。比方說吃完肉夾饃可以索取口香糖，排隊時間長會有遮陽傘，渴了有免費的礦泉水，手機沒電了還可以借用行動電源等。隨著「90 後」成為社會消費的主流群體，他們對於吃飯，更多不再是為了填飽肚子這樣簡單，更願意為品牌背後的價值買單。西少爺這種思維就是「得『90 後』，得天下」的思維，讓本身並不起眼的肉夾饃店紅起來了。

飯店餐飲管理

上篇 「互聯網＋」進行時

在別人看來，開肉夾饃店是件挺丟人的事，但他們卻辦得紅紅火火，感覺有點登上大雅之堂。其實想一想，互聯網人有一個特點，他們希望把產品做好，無論投入多少，成本多少，他們認為最終都會有回報。這也是孟兵曾經說到的，所以他堅持四個字就是「產品第一」。

就在大家對西少爺肉夾饃的前景拭目以待的時候，創始人之一的宋鑫離開了公司，2014年11月13日宋鑫在知乎上發布了致孟兵的一封信，聲討孟兵。宋鑫說西少爺孟兵欠錢不還，當時公司創立發起過眾籌，前後兩次共85萬。到現在一年多了，公司財務報表從沒看到過，分紅更是沒有人拿到過。緊接著在11月14日，西少爺另外兩位負責人羅高景、袁澤陸在自己微信朋友圈發布回應宋鑫的指責，說全部都是誣蔑。西少爺肉夾饃為了消除眾人的疑慮，決定向希望退股的股東提供退股溢價。

直到現在關於西少爺肉夾饃的各種論戰還在持續，還沒有一個確切的結果。但是我們撥去外表紛爭，可以肯定這樣一群草根創業者的想法和理念。仔細想想，在當下傳統老字號逐漸消失，餐飲行業的競爭非常激烈的一個大背景下，這個肉夾饃正好代表了一種獨特的符號。他們的創業故事其實就發生在我們的身邊，只是他們的視角、他們的目光不一樣了，就是從一點點開始。也許股東之間不發生這些問題，西少爺肉夾饃會成為一個連鎖的肉夾饃大企業，可能會做成一個頂尖飲食連鎖品牌。

對於他們三人離開眾人羨慕的IT領域，轉而投向未知的餐飲行業，也有很多人表示不理解。其實，每個行業都有好做和不好做的時候，IT也是高風險，高投入，高淘汰的。在這種情況下，每個人根據自己的個性特點揚長避短不是一個壞事。這從另外一個角度也提醒大家條條大路通羅馬，並不一定擠在看上去高大上（高端、大氣、上檔次）的領域才能成功。假如他們三位做IT項目，就不會有現在做肉夾饃的知名度。從這個角度上看，他們短時間的選擇是對的。每個人都有自己的個案，要根據自己的特長制訂，不能一概而論，有些人喜歡擠獨木橋，有些人喜歡獨闢蹊徑。

三個創始人的成功離不開互聯網營銷。那麼目前針對大環境，網路營銷的優勢和劣勢有什麼呢？

優勢是用時間換空間，它在很短時間內迅速把一個生意、一個項目曝光在大家面前，這是優勢。減少半徑，迅速找到用戶，迅速獲得回饋，是傳統企業比不上的。

劣勢是，因為太快，優點暴露的同時，缺點也在暴露。這就是典型的雙刃劍，而且很多不好的聲音出現的時候，其帶來的壓力也是傳統的幾十倍、上百倍。那時候公關團隊沒有什麼用，因為網路營銷是潘朵拉的盒子，當放開的時候控制不住，好壞都被人看著。

所以，做事情的時候要考慮周到，發生的事情要想到，做多少和說多少要平衡，不能說得太好，要實事求是。

對於西少爺的論戰，有人說本質不在於股權眾籌，也不在於投資者利益保障，在於的是創始人內部團隊管理和發展方向。那麼，他們背後的原因是什麼呢？

目前看是三比一，一個跟另外三個不和，團隊有問題，溝通有問題。對於這個事情的處理也有問題，跟股權眾籌沒多大關係。從個案來講，他們之前可能說得不清楚，大家集資，夾雜了個人情感的部分，遊戲規則大家說得不清楚。比如眾籌就是投資，投資完了需要很長的時間才能有回報而不是立竿見影。

親兄弟還要明算帳，幾個兄弟在一塊，先把事情做大再來分蛋糕，往往就是這樣，事情做好，分蛋糕是一個最大的問題，親兄弟變成仇家都有可能。眾籌是目前流行的選擇，那麼怎麼避免日後發生紛爭，怎麼樣規避風險呢？

眾籌事先要說清楚，不能打擦邊球，不能有灰色地帶，不能為了融資做含糊誤導的東西。同時，投資人也要想清楚，投資是有風險的，看別人翻了多少倍就要分，也不合適，大家都要理性。一開始融資的時候，融資方可能選擇性地只說好不說壞，到後來出資方只談要錢不談規則。這裡面需要互相博弈協調。所以，大學生創業時，第一點，不要過度承諾，能做多少是多少，跟出資方說清楚是有風險的，不要大包大攬，不要告訴別人你天下無敵，能

超越馬雲，超越李彥宏。第二點，自己拿到錢應該謹慎運營，尤其是對內部的人一定要說清楚。

來去匆匆的比特幣

2009 年，日裔美國人中本聰提出了比特幣（BitCoin）的概念，事實上，比特幣就是一種虛擬貨幣。跟我們現實中使用的貨幣不同，比特幣沒有特定的貨幣發行機構，它是依據特定算法，透過大量的計算而產生的。比特幣與其他虛擬貨幣最大的不同是其總數量非常有限，非常稀有。該貨幣曾在 4 年內只有不超過 1050 萬個，之後的總數量將被永久限制在 2100 萬個。

2013 年，美國政府承認比特幣的合法地位，使得比特幣價格大漲。而在中國，2013 年 11 月 19 日，一個比特幣就相當於 6989 元人民幣。

一度，中國國內交易平臺在市場中不斷擴大比特幣的交易額比重，這與國外比特幣交易網站遭遇的「跑路」風波形成了非常鮮明的對比。2014 年 2 月 25 日，全球最大的比特幣交易網站 Mt.Gox 轟然倒閉並無法登錄。當月 28 日，Mt.Gox 正式宣布申請破產。隨後，新加坡比特幣交易網站 FLEXCOIN 也突然倒閉。由於 Mt.Gox 的破產事件，中國的比特幣交易也出現了明顯的波動，價格一度從接近 3600 元跌至 3050 元（幾日後比特幣的價格又回到了 3865 元附近）。儘管國際上人心惶惶，但價格大跌依然不能阻擋中國投資者們的熱情。

中國的比特幣交易網站在這次風波中因禍得福，有數據稱中國比特幣交易量已占全球交易量的 70%～80%，甚至交易量最大的比特幣交易平臺也被中國的比特幣交易網站奪走。人民幣是比特幣兌換市場上僅次於美元的第二大幣種，占全球的 1/3，中國市場已然成為比特幣玩家的積聚之地。有專家認為比特幣價格上漲的最大原因在於中國買家大量入場。2014 年 2 月 25 日，Mt.Gox 倒閉後，中國國內比特幣交易量下降近 7%，當日交易量為 334562 枚（約合 11 億元人民幣）。而隨後，交易量逐漸企穩，至 3 月 4 日，交易量大漲 14.05%，交易達到 339830 枚（合 14 億元人民幣）。自 2 月 25 日至 3 月 13 日，17 日內成交量為 90 億元人民幣，比上個 17 日成交額增長 16%。據中國國內交易平臺數據顯示，2014 年 1 月 27 日，1 比特幣還能兌換 5032 元人民幣。這意味著，該平臺上不到一個月，比特幣價格已下跌了 36.7%。

2014年5月27日，Willy Report網站透過對交易數據的分析得出結論：2013年比特幣的價格暴漲和Mt.Gox的交易量大增，或許源於虛假交易，甚至有可能涉及Mt.Gox的內部人士，一定程度上源自一場詐騙活動。事實上，有一個叫「Willy」的機器人每5～10分鐘就會買入5～10個比特幣，這種行為持續了至少一個月的時間。

上述關於比特幣的各種故事與花絮讓人眼花繚亂。其中購買者一度迅速暴富的神話最容易打動普羅大眾。而人民銀行一再升級的監管措施，則為最近這個脆弱的故事畫上一個階段性的句號。尤其是中國人民銀行要求各家銀行也從2014年4月15日開始關閉比特幣交易通道，這就意味著中國比特幣交易平臺的資金渠道將被徹底關閉。

當然，由於互聯網上對於比特幣的交易熱潮初具規模，中國關閉線上資金渠道也不能使比特幣交易消失，但是已經讓交易被迫從線上走到線下。這樣交易的成本就會大增，可能是現在的十倍、二十倍。更加致命的是，作為互聯網上發明、發行並且一度走俏的「數位貨幣」，最後要變成線下交易，這本身就是極大的悖論。因此，有關比特幣的中國交易平臺負責人認為，這種力度的措施，已經是取締比特幣的交易，而不再是監管的思維了。事實上，早在2013年12月5日，中國央行發布《關於防範比特幣風險的通知》，明確表示比特幣「並不是真正意義的貨幣」，並要求現階段各金融機構和支付機構不得開展與比特幣相關的業務。其後，中國央行的調查統計司司長發表了一篇名為《貨幣非國家化理念與比特幣的烏托邦》的文章，對於缺乏國家信用的私人貨幣發行表達了保留的態度。尤其是文中強調：「貨幣政策是國家調節經濟的最重要手段之一。貨幣政策與稅務、警察、法院等國家機器一樣，是現代國家運行的基礎，是國家機器的重要組成部分。只要國家這一社會組織形態不發生根本性變化，以國家信用為基礎的貨幣體系就將始終存在。」這也可以看出中國央行對於貨幣政策如何重視，絲毫不會有鬆動可能。這也表明了中國央行未來一段時間的態度——遊走在灰色地帶的比特幣在中國生存和發展的空間非常小。

诚然,有舆论欢呼,比特币是超出原来传统货币体系的产物。在他们眼中,「以比特币为代表的数位货币的发展,反映了新经济体系中自发萌生的新货币形态的内在创新需求,代表了新知识和讯息机制所引发的历史进程中的一个重要构成。」这款去中心化与去国家化的虚拟货币的安全稳定性,成为各国忧虑的核心。不断有人认为比特币是传销——事实上也真有点类似。

在比特币的网上狂热粉丝们看来,国家的变化、秩序的重构、全球政权组织形式的嬗变都是比特币的大利多。而正是这些引致「庶民的狂欢」的因素,恰恰也是大多数国家感到头疼的不确定性,你越欢呼,各国对于之前从来没有见过的比特币这个「数位金融怪物」的态度就越谨慎。

目前各国对于比特币的态度复杂,大多数经济体表示暧昧。

其中对于比特币身分最为友善的是德国——2013年8月,承认比特币的合法地位,已经纳入国家监管体系,成为世界首个承认比特币合法地位的国家。而美国则是采取不反对的态度,在2013年11月18日参议院听证会上,柏南奇表示:美联储无权直接监管虚拟货币,认为比特币等虚拟货币拥有长远的未来,有朝一日或许能成为更快、更安全、更有效的支付体系,并为比特币送上谨慎的祝福。

至于大多数市场经济国家,则是明确的谨慎态度。加拿大不认为比特币是合法货币,而只是一种投资工具。现在使用比特币交易的人必须缴税,就像投资房产一样。和美国不一样,加拿大的金融监管机构不认为比特币交易属于货币业务,所以交易所无须注册或者标识出可疑的交易。以色列不承认比特币为官方货币,但是政府正在考虑对比特币的盈利征税,认为比特币的赚钱者需要缴税。

还有第三类,则是对比特币基本否定的态度。例如土耳其的金融监管机构说,现有法律不适用,警告人们不要使用比特币。土耳其金融专家将比特币和「荷兰的郁金香、法国的热气球、美国的安隆公司」相提并论,指出其只有交换价值,没有使用价值。不过,比特币在土耳其蓬勃发展。土耳其有一个比特币和莱特币的交易所,叫BTCTurk,在伊斯坦堡机场有可以兑换比特币的货币交易商。荷兰发布声明警告比特币风险,质疑比特币存储无法保

障,不是由政府和央行發行,比特幣價格波動劇烈。之前,印度相關機構表示,虛擬貨幣給監管、法律以及營運風險帶來挑戰,印度將繼續關注比特幣的發展。

至於第四類則更加直接,徹底否定了比特幣。比如泰國,買賣比特幣、用比特幣買賣任何商品或服務,與泰國境外的任何人存在比特幣的往來,在泰國都被視為非法,成為在世界各國封殺比特幣的首例。

除了國家,投資界對於比特幣也出現了激烈的 PK。風險投資家馬克‧安德森曾在虛擬貨幣會議上表示對華倫‧巴菲特的建議——讓投資者遠離比特幣——很有意見,他說:「一直以來,這些白人老頭對自己不瞭解的新技術發表的言論全部都是瞎說。」而巴菲特則不緊不慢地透過媒體傳播自己的保守看法:比特幣是海市蜃樓。這是一種轉移資金的手段。它是一種有效的轉移途徑,而且可以透過匿名實現這個過程,還有諸如此類的一些特色。

比特幣經常與黑客、莊家、詐騙、炒作、不安全等名詞相關聯,發明人神祕匿藏,數量有著上限的新產物……比特幣出生之後的表現確實不能令人滿意。如果不是有互聯網的加持,比特幣的嘗試就會是一個善良、美好的笑話。比特幣所展現的貨幣屬於非國家化理念,早在 1970 年代就由英國的經濟學家海耶克所提出,後來無法實現。各國政府對於經濟的干預在過去 30 年,比起之前的一個世紀要積極頻繁得多,純粹的市場經濟幾乎成為傳說。但是,正因為比特幣是互聯網大勢的產物,尤其是嵌入了許多技術與 IT 話題,又具有金融屬性,尤其是代表了「先進生產力的方向」這種政治正確的預測,都使它早就超出了一般數位貨幣的討論與觀察座標體系。有關部門反對它,或者忽視它,不僅要面對輿論壓力,更加會引發他們內心的另外一種不安全感與擔憂——失去了發展機遇倒是小事,但是自己是不是錯過了一個移動互聯網時代的祕密武器?這才是大多數政府對比特幣不敢貿然動作的真正原因。

事實上,比特幣目前的嘗試可謂是第一代,當前比特幣在支付手段、流通性、替代風險等方面所展現出的貨幣功能發育不完善的問題確實存在。但是隨著社會的變遷,未來很快將出現比特幣 2.0 等更高級版本。多幣種的數

位貨幣群體格局正在走向穩定，「比特幣們」的不確定性正在降低，對其貨幣功能的投機干擾從長期看也將逐步降低。數位貨幣的價值基礎有朝一日超越國家信用不足為奇。未來的「比特幣們」並不僅僅是私人信用貨幣，其基於全球參與的信用基礎遠超出私人發行貨幣，甚至可能超出國家信用基礎。在比特幣面臨重重與生俱來的頑疾之時，各國積極推行自己的數位貨幣嘗試，反而是一個好機會。

當然，這些都是理論上的分析，宏觀上趨勢的認知，並不支持短線對於比特幣價格的炒作。對於想迅速在比特幣裡面透過短期漲跌差價大賺一筆的人來說，可能這些機會已經在 2014 年完全透支，不要再抱幻想。

總而言之，數位貨幣是未來的發展趨勢。雖然目前受制於種種局限和不利，但是作為具有發展潛力的新事物，未來，還會有更多的「比特幣」誕生。

互聯網時代體育這樣玩

本文作者／潘浩（深刻體驗創始人、董事長兼 CEO）

人生應該慶幸的是可以有所作為，人生應該感恩的是趕上一個變革的時代，人生值得回憶的是這一路能思考著前行。

中國的體育產業發展正處在黃金十年的最開始，一切都未顯示出它最終的模樣，也就意味著一切皆有可能，這將給所有人一個契機，或許我們可以創造一個奇蹟。思考隨筆也大概就是這樣的一種準備，我們一起來探討一下吧。

體育市場規模暴漲 7 兆元，火從哪裡來？

2014 年，中國國務院發布了《關於加快發展體育產業促進體育消費的若干意見》。意見提出，到 2025 年，中國體育產業總規模需達 5 兆元，人均體育場地面積要達到 2 平方公尺。而根據中國已經頒布的 30 個省級政府提出的政策來看，到 2025 年中國體育產業總規模將達到 7 兆元，遠超過 5 兆元的發展目標。

與此同時，中國體育領域發聲的消息也開始以億元作為單位。2015 年 2 月，騰訊以 31.2 億元人民幣獲得美國職業籃球聯賽（NBA）未來五個賽季的網路獨家直播權；2015 年 10 月，體奧動力以 80 億元人民幣的價格購買未來 5 年中超聯賽全媒體版權；2016 年冬季轉會期，河北華夏幸福在引援方面投入了 4.2 億元人民幣，位居全球第二……。

另外，中國體育企業的估值或融資金額也以一日三漲的方式呈現在公眾視線。2015 年 5 月樂視體育正式宣布完成首輪融資，以 28 億估值，融得資金 8 億元；2016 年 3 月，樂視體育完成 B 輪融資，融資額為 80 億元，B 輪投後估值為 215 億元……。

面對體育產業忽然形勢大漲，很多朋友在問我，現在的體育產業，你怎麼看？討論頗多，總結下來，與諸君分享幾個角度的思考。一家之言，拋磚引玉，逐一道來。

　　凡事必有因，才有果。跳出體育本身的範疇去看，其變成風口的內在因素有三點：

　　第一，國家要求以體育產業發展來作為新增的經濟增長點。必須深刻地理解這一點，才能把握發展的方向。新的經濟增長點，實際上指的是消費，與體育有關，以體育為名的所有新的消費內容、消費方式、消費場景。這是一個全新的範疇，深刻的變革，顛覆的思考，因為事實已經證明，之前的體育產業的概念、模式和內容都需要升級。這意味著，在行業內的人，將面對一個幾近陌生的方向，在行業外的人，將可以任意發揮想像力。一句話，中國的體育產業發展，已經進入混沌時代，誰主沉浮？一切未定！

　　第二，是全民健身的國策引領方向。物質文明決定精神文明，這句話大家耳熟能詳，但是，必須看透另外一層，當物質條件具備時，互聯網技術發展等一切外在因素的推動，使得人民大眾的精神文明需求以強烈、具象的方式呈現出來，精神文明的需求不再是個虛詞，不再只是一個廣義詞，而是具體的產品，具體的服務，它甚至已經以一個人或一群人的個性化要求的形式在發聲。用更潮流的話來解讀，你是否能瞭解社群，你是否能解讀人性，這才能決定你在體育產業的發展中有沒有位置！

　　第三，是產業內容的調整方向。我本人是中國民主同盟的盟員，2015年，我最遺憾的事情，就是自己書寫的諫言建策的提案，竟然和姚明的提案嚴重「撞車」，幾乎百分之八十的內容相同。但是從另外一個角度來看，說明我們存在共同的認知：體育產業的調整方向是減少束縛，發揮市場的積極性，中國體育產業最缺失的是內容，是品牌，是真正意義上的可以全民參與的體育生活方式。中國以體育內容為核心的產業服務價值占比，目前只占20％，而國外成熟的市場占比都在60％以上，要實現7兆元的發展目標，實現產業升級，這才是真正的方向，它不只是買個版權，辦個賽事，做個APP，它應

該是一系列的體育服務手段的升級和換代。純粹功能化的體育產品製造業註定不是未來！

體育產業，其實更應該叫運動產業，它本質上應該是娛樂範疇裡的重要一部分，它不能孤立，以貌似封閉的內循環方式去思考，把中國體育產業發展的方向放到整個中國經濟發展的大環境裡去看，我總結的心得有以下三點：

（1）服務升級，是以體育人口的重新界定去劃分發展方向；

（2）內容品牌，是以體驗為核心思想去創造和推廣；

（3）產品發展，是以跨界的思維來增加附加值。

錢真的可以砸出體育行業的新商業模式嗎？

7兆元的體育產業規模，像一劑強力興奮劑，讓大家都自己先嗨了起來，先不管路子對不對，把體育的大旗豎起來再說。各路達人都要玩體育，各種姿勢百花齊放。坊間匯總了一下2016賽季中超冬季轉會總額，7家俱樂部花費超過2000萬歐元，總額高達3.34億歐元，將近24億元人民幣，居世界第一。

幾乎每天都有體育行業的各種新聞刷新我們的眼球，翻一翻我們所聽到的和體育有關的消息，最多的角度是A企業花了多少億元人民幣購買了某某運動的版權，B企業猛砸多少億元收購某某平臺，強勢介入體育行業。C體育創業企業獲得多少千萬美元的投資……。我們看到，傳統企業、互聯網企業，如萬達、樂視、阿里等巨頭，都在布局體育產業，大額的鈔票在飛舞，給大家的感覺就是：錢多，人傻，事不多，速來速來！

然後好多人，摸摸口袋，看看新聞，閉上眼睛，幸福感油然而生，下一個千億就要降臨在自己身上，好開心！但是，錢真的能砸出體育產業的7兆元未來，真的能創建出行業新的商業模式嗎？

事實是，據統計，全國2015年利潤超過1000萬的體育公司，不超過30家，這是達晨創投的何士祥老師在一次互聯網＋體育大會中說的：體育創業公司說故事的很多，盈利的很少，融資的多，有模式的少，反而泡沫大了，

估值高了，陷阱多了；國家的體育產業基礎條件較差，市場化程度低，專業人員極度匱乏，優質資源及審批權力過於集中；體育企業是呈兩極化發展的，要麼是體育巨頭如泰山體育、體壇傳媒、體育之窗等，要麼就是在細分行業的小而美的龍頭企業（千萬級收入，但虧損的較多，少數具有傳統基因的企業擁有百萬到千萬級的盈利）。

所謂窺一斑而知全豹，中國的體育市場現狀如何，可想而知。中國還沒有真正意義上的職業體育，從某種意義上來說，當國家將全民健身定為國策，中國的職業體育才真正地開始起步！

千萬別把投資方當成傻子，只有傻子才以為自己還不會的事情可以糊弄別人相信，要誠實點問自己，沒錢，這事自己能做嗎？能自己活下去，再去想，有錢可以怎麼優化進程。

那麼，說關鍵問題，體育的新商業模式在哪？所謂新，就是之前與之後，當環境、渠道、工具、習慣、人群、目的等這些詞發生變化時，新的機會也就出現了，只是在我看來，這些變化可以大致分為功能型和體驗型這兩個大類別。

所謂功能型商機，就是指能實現運動既有目的的方式方法變了，路徑變了，有效、有用、快捷、便利是其最大的四個特點。要想把握這類商機，傳統的優勢不能輕易放手，能壟斷的資源要壟斷，該投入的研發要投入，因為這一類商機，大多都是卡位戰，花起錢來不可能少。而且，前浪發現了美景，後浪一浪一浪就來了，案例比比皆是，這裡就不羅列了。

所謂體驗型商機，是指改變了已有的運動場景和目的，重點在創造。IP、創新、互動、社群，是這類方向的最大特點。把握這類商機，思維高於一切，執行必須專業，整合需要主線。體驗內容的開發，不是營銷開發，而是品牌的樹立，是讓人抱團，大家共贏的系統規劃。它必須重視附加值存在的位置，不賺錢的事情沒人會做，所以如果你沒看到某個項目上的盈利點，可以固化和複製的點，要不是你見識不夠，腦洞太小，格局不足，要不就是這事還不對。只是關注其中某一部分，都是不對的。體驗型商機，相比功能型商機，價值空間更大，更可以自己決定，從這一點上說，樂視拚命在講生

態圈，我是贊同的。但是，它玩得大，風險和布局範圍有關，和深度無關，因為，當深度足夠達到把握核心要素，自然萬國來朝，盛世自現！

所謂新的體育商業模式，應該學會洞察商機，瞭解人性，模式才能真正被建立起來，錢不是最重要的。所以我的心得是：

（1）新的商機在跨界

跨界不是生拼硬湊，而是他山之石。中國體育產業發展的方向是從製造業轉向內容 IP 及服務，並且，我們認為體育其實就是娛樂的一部分，這自然就很容易理解為什麼最近觀察到體育產業的參與者中，最熱情的不是原來的體制內人士，都是外來的和尚。

（2）新的商機在生活方式

人群的最強消費動機在於主動需要，這個時代最大的變化就是快速的發展，人們在不停地確認自己的位置，自己是誰，屬於誰，老話叫人以群分，群在哪裡，生活就在哪裡，自然標準不一樣。

（3）新的商機在同好

我們都要找到好事之徒，今天人們接受資訊的方式可謂多樣，誰在影響你，你在影響誰，當 n 個人試圖在一起，必須找到一個共同的關注點，就是同好。我提醒大家一句，同好比主題更高級。

生意有大有小，思路有專有廣，格局有深有淺，身在其中的我們，是否理解到，人群變了，需求變了，氣質變了，感覺變了……。當門外的一切都在變，老一套的方法，傳統的做法，如果不能正確地認識到何為本質，就註定繼續浮躁或徬徨！

總而言之，套一句俗話，這是最好的時代，也是最壞的時代，讓有能力和有思想的人可以站上舞臺，你必須選擇，要不前進，要不被淘汰！

虛擬實境（VR）將會給體育行業帶來怎樣的變化

2016 年 4 月 1 日，淘寶推出全新購物方式 Buy+。Buy+ 使用 Virtual Reality（虛擬實境）技術，利用電腦圖形系統和輔助感測器，生成可交互的 3D 購物環境。

一時之間，世界熱議，貌似又一輪電商和實體店的血戰即將拉開帷幕？然而，估計很多人說著 VR，論著 VR，卻連 VR 是什麼，都還沒認真地瞭解過。所以先說明必須知道的技術詞彙：

VR，Virtual Reality，虛擬實境，簡稱 VR 技術，也叫人工環境，通俗一點描述，就是利用技術設備產生的一個三度空間的世界，提供視覺、聽覺、觸覺等感官的模擬，像個真實世界。

其實還有兩個詞，叫 AR 和 MR，分別叫增強現實和混合現實，這兩個概念，各位就自己查查吧。

技術的發展，從本質上說，就是讓實現慾望的路徑變短，讓選擇的對象變多，讓占用人生的時間更少，但事實上，還會讓部分人陷入沉迷，不過這是另外一個話題，此處暫不討論。我在講體驗理論的時候，通常會提到三個標準來判斷對象是否符合深刻體驗關注的要求：

（1）產品感官化；

（2）圈層文化的建立；

（3）表演內容的迭代。

從這個角度去看，VR 的應用發展是最好的一個詮釋，過去的 2 年，整個國際 VR／AR 領域，總共發生了超過 225 筆投資交易，總額大約 35 億美金，所以，關注體育的發展，尤其是中國體育的發展，要想達到 7 兆的市場規模，VR 不能被忽視，雖然在其他專業的分析裡都沒有把體育單獨地設定成 VR 的發展熱點。但我們一起預判下，因為洞察體驗，洞察消費者的行為動機，才是指引技術發展的方向，預示商業模型建立的基礎。

催生新運動人口。中國的體育人口，無論是國策界定的五億人參與，還是北京冬奧會組委會提出的 2 億人上冰，不可迴避的是中國的體育專業人才的缺失，如何培養足夠的線下師資，如何開啟新的教學互動模式，VR 都是一種最易被看好的方式。無論是培養興趣，還是引導為專業學習，VR 體育之互動教育，必定是這個熱點，種種便捷，諸位可以想像一下。

催發新運動參與模式。從線上到線下，從獨處到群體，體育的魅力之一在於社交，故已出現的運動發展趨勢，比如線上馬拉松，就是一種可預見的形態，從手環到 VR，一步之遙。我的體驗理論是很強調五感的，所以可以預見的一種潮流，就是將自己有限的運動參與放到無限的運動社交裡去，其行為方式的改變，可以附加的衍生產品更是比比皆是。或許，在未來，運動的組織形式都會發生顛覆性的變化。

催進新運動場景的消費。體育的內容，即最容易迭代的主題，賽事的直播，個人的運動視角，更容易體現代入感，抵近觀賞，自主選擇，是 VR 場景應用的核心特點，它會不會在未來改變體育運動現場的消費者行為，特別值得觀察。有遠在倫敦的朋友之前和我討論是否應該關注 3D 裸視技術的發展，其實在我看來，判斷哪一個技術更有優勢不是首要問題，而是技術的完整，是否能真正置換舊的功能才是最重要的判斷依據。這世界本無消費，都是因為你想、你需要，才有了交易。

催動新運動設備。運動的設備正走在智慧化的路上，無它，大數據可以解讀運動的過程和參與者的狀態，但再加上 VR，其優勢在於可以將數據重新組合成更有個性的人，誰能把握這一點，就能體會到無數商機的召喚，從眼鏡到頭盔，從局部到整體，隨機而動就是下一代運動的統一特徵。

體育電影產業的藍海

2014 年以來，文化產業持續受到國家重視，國家層面已多次頒布有利於文化傳媒行業健康發展的政策。2014 年僅中國財政部資金支持項目就共達 800 餘項，諸多影視、旅遊、文化出版類上市公司涵蓋其中。中國國務院重點推進的六大消費領域中，體育、移動互聯網、教育多次被領導層提及。未

來的行業熱點將出現在體育、營銷、文化等行業當中，不斷的政策扶持將有利於體育電影行業的發展。

全球每年都有大量的體育題材電影在拍攝，世界上影響力最大的奧斯卡金像獎歷史上，好萊塢體育題材電影也曾多次獲獎。但在中國，隨著其國內電影市場以每年 35% 以上的速度增長，中國體育電影卻還在原地踏步，與中國當代體育大國的身分極不相稱。電影產業 7 兆的市場怎麼能沒有體育電影的貢獻？中國體育電影面臨著體育電影經典少、類型少、作品少、獲獎少的現實情況，據統計，在中國電影百餘年歷史中，體育題材電影數量只有區區幾十部。

另一方面，美國體育衍生產品的收入占到 70% 以上，而目前中國影視項目和體育產業衍生品收入所占比例均不到 10%。隨著中國對體育產業及相關文化產業的政策支持，體育電影行業將會出現一個跨越式發展機遇，鼓勵原創、產業叢集和互聯網＋產業整合。體育、文化、互聯網新科技，以及跨界整合成為「十二五」後，尤其是「十三五」後的資本市場熱門。

目前，我正在緊鑼密鼓地籌備中國第一個體育電影產業園。2016 年 3 月，深刻體驗和銅牛集團簽署了戰略合作意向書，使得第一個體育電影產業園在北京擁有了一個實實在在的落地空間，占地 7.8 萬平方公尺，建築面積 3.9 萬平方公尺。這個花園式的地方，必將成為迎接中國體育電影猛烈發展的重要標誌地。

論網紅 Papi 醬背後的怪誕行為學

2016 年，一個之前大多數人，或者說上年紀的人們都沒聽說過的 Papi 醬小團隊生猛地闖入我們的視線，最火爆的高潮在 3 月份發酵出來。羅振宇舉辦的廣告招標會，引起無數人尖叫，因為：「1200 萬的投資，四天確認，有點任性；老羅投資網紅，有點反差。」

老羅是我的師兄，一個總是沒有時間見到的師兄，不管怎麼說，我認為這事做得漂亮。

我的初心是想說說「體育紅」，不過如果你不思考清楚網紅這個事，那未來都是東施效顰，所以，我們一起來思考幾個角度的理解。

（1）網紅不是新概念

你不得不佩服老羅，一句自我賦權，就激發無數人嚮往的願景。今天的社會，特別喜歡講背書，君不見，大人物們奔忙交錯中，彼此的事，你中有我，我中有你。誠然，現在不講證書，不講資歷，不過，諸君如果看不懂其實隱形的賦權形式，都自我良好地以為蒼天有縫，你也將能佛光罩體，逐鹿江湖，那就慘了。網紅的前身，讓我想起了當年在清華論壇（bbs）上的芙蓉姐姐，讓我想起了論壇裡筆耕不輟的寫手，讓我想起了一度是一個職業的段子手，還有部落格，微博上的大 V 們，還有那個一時必談的詞，眼球經濟，甚是辛苦，江湖代代有新人，早已忘卻舊人哭。所以網紅換個分身 ID，也還是當初的那個你熟悉的傢伙，是那個在互聯傳播世界裡你最無趣需求的供應商。

（2）價格定錨，藏在現象後面的心理陷阱

門票賣 8000 元，投資 1200 萬元，一個網紅，你覺得值嗎？你在心裡拿這個事有類比的對象嗎？我估計很多人在讚嘆之餘，肯定沒有想過它類似誰，這就是我所說的場景型消費，或者說老羅設定的價格定錨。不知不覺中，你看它時，網紅是一個新場景界定詞，1200 萬元悄悄轉化了你的關注點入口，你會想這是投資啊，8000 元是心理門檻的臺階，提高了你的預期判斷標準。心理學上有個專業詞，叫自我羊群效應。人們基於自己先前的行為或認識去推論某個未知的事物對或不對，基於別人的行為來界定自己的判斷，決定是否仿效，一旦你做完首次的決定，其後而來的系列決策判斷會以合乎邏輯且前後一致的行為方式跟進，所以價格定錨由誰來，誰就擁有了起始最大權利。今天的時代，價值確認已經不是我們被灌輸 n 年的供求關係了，我們的很多決定，不管是隨性的，還是深思熟慮的，都呈現出一種新的規則，我稱之為體驗型定價，價格由我不由君，新事新場景。所以，當老羅說，8000 元門票是看誰有誠意的時候，要看懂，其實，悄悄的，你自己已經主動跳進一個新的坑，而且還挺高興。

（3）網紅背後的存在感是所有權的心理定位

如果說之前的舊網紅拚的是臉，是胸，是大腿，現在的網紅拚的是創意，是代入感，那麼下一步，其實在我看來，拚的是進入大事件的機會。名人是不是網紅？明星是不是網紅？老羅是不是網紅？其實本質上，他們都是，用個形象的比喻，一個是被人架上去的名牌網紅，一個是靠自己折騰往上爬的草根網紅，到了一個基本相似的階段，網紅們比的就不能只是自己的天賦了，比的就是發聲權，比的就是體驗感，這就是我最後提的觀點，心理所有權。曾幾何時，我們是仰慕名人明星的，因為他們展現的是我們內心嚮往而一時無法實現的期待，而現今，我們以挑剔的姿態每日批閱蜂擁而至的內容「奏章」，挑選這符合自己心境的代言人，地位之顛倒，意味著如今的網紅們不好當，因為判斷資訊的標準迭代得太快。

　　在心理所有權的學習和把握時，你會發現，身邊的人有三種非理性的所有權判斷標準：

　　一旦擁有，自己覺得選擇特別對，特別英明。

　　一旦失去，自己特別在意失去的部分，而不是還擁有的存在。

　　一旦交換，自己特別希望別人認可自己附加上去的情緒和情感，還特別有價值。

　　回到網紅的發展方向判斷，我以為，下一個階段，該到拚網紅外掛的時候了：

　　一切不能呈現價值的網紅都是假網紅；

　　一切只關心自己天賦的網紅都是虛網紅；

　　一切沒有集團組合的網紅都是偽網紅。

　　最後，說說「體育紅」，為什麼中國的體育產業裡，沒有「體育紅」，在我看來，其實一句話就能解釋，能當「體育紅」的人們，心裡還沒有真正樹立起來為人民服務的意識，不過，「體育紅」應該快出來了，我們一起等下，「讓子彈再飛會兒」。

深刻思考，洞察體驗時代的商機

隨著互聯網的發展，我們的商業環境，目標人群的消費習慣，合作夥伴的互動方式，都在發生著深刻的變化，體驗時代，已經來臨。

「體驗經濟」被譽為是繼農業經濟、工業經濟、服務經濟之後的第四個經濟發展階段。當你在研究自身業務發展遇到瓶頸，當你在觀察行業發展方向有些迷惑，當你自我剖析需要新的角度，請著重關注「體驗」二字。

托佛勒在 1970 年代預言：「來自消費者的壓力和希望經濟繼續上升的人的壓力——將推動技術社會朝著未來體驗生產的方向發展」、「服務業最終還是會超過製造業的，體驗生產又會超過服務業」、「某些行業的革命會擴展，使得它們的獨家產品不是粗製濫造的商品，甚至也不是一般性的服務，而是預先安排好了的『體驗』。」

不同界定導致了經濟發展的形式不同。農業經濟是由產品相互交換的自然性決定的；工業經濟是由產品有形的標準化決定的；服務經濟是指訂製化的產品服務；而體驗經濟是指人透過體驗而形成記憶的過程，從而能夠在不完全改變服務經濟結構的情況下，增加新的利益增長點。

為什麼要重視體驗？因為，產品和服務的對象，消費者的一切在發生著變化。

體驗經濟時代，消費者行為發生變化：

從消費結構上看，對生活必需品的追求逐漸轉變為對自我價值實現的追求（情感需求和消費價值體系界定）。

從消費內容上看，以大眾化需求為評判標準逐漸轉變為以個性化需求為評判標準。

從價值目標上看，注重產品本身轉變為注重接受產品與服務過程的感受。

從接受產品與服務的方式上看，被動地接受企業的誘導和操縱轉變為主動地參與到企業的經濟運行和產品的設計與製造之中。

從關注社會角度看，關注自身需求轉變為既關注自身需求也關注企業社會行為過程，消費者願意將自己的選擇標準置於企業對社會的貢獻條件之下。

簡而言之，如果我們試圖在未來的企業發展中，找到一條可以持續，可以升級，有核心競爭力的道路，請深度洞察體驗時代的商機。

2016年企業運行新趨勢主要有兩點：

一是封閉化企業運行到開放化。非體驗經濟下，企業運行在封閉的經濟中完成，消費者也處於無知狀態下選擇消費。而在體驗經濟下，使消費者的「體驗」意識得以增強，參與度提高，去「體驗」企業的真實一面。隨著企業的開放程度提高，消費者對企業的信任度也有所提高，企業的品牌價值與品牌吸引力隨之增強。只有優秀的企業才有能力為消費者架設舞臺，並接受消費者的檢驗。

另一個是創新本身，需求者為自己的產品創新。顧客在參與「體驗」事物的運行時，最希望參與的工作就是設計。顧客對所需要的商品提出形式上、功效上以及服務上的需求，顧客所參與的「產品設計」，不是從技術的角度去把握，而是從感受的角度去要求。

當我們走進體驗經濟時代，思考創新體驗經濟的運行模式，在這個過程中確認對象的渴望、提升價值鏈、服務經濟的升級，都可以保障企業能夠真正帶給消費者所「期待」的感覺，使消費者在接受企業的產品與服務時有「超值」效應，驅使消費者的「選擇願望」，讓消費者「難以忘懷」，從而真正驅動消費者形成購買願望，強化需求動力，並保障需求與消費的安全，進而保障企業的經濟長久運行。

以我創辦的深刻體驗公司為例，我們是一家中國國內領先研究體驗經濟的公司，致力於產業鏈提出全新的商業模式的開發與實踐，著重於文化與體育消費一線的真實觀察和項目落地，擅於內容品牌的開發及資源整合，洞察商機。

7兆的體育產業方向裡的泥漿文化項目：洞察體育產業發展的方向，把握消費人群釋壓和社交的剛性需求，我們引入英國泥漿足球世界盃項目，開

發泥漿足球中國賽本土的時尚運動賽事，2016 年，將在全中國布局大約 10 站以上的規模，涵蓋影響的人群數量可以過億。泥漿足球作為娛樂體育賽事知識產權（IP），是泥漿產業體系中的一款「爆炸性產品」項目，我們重視產權保護，擁有所有泥漿產業體系的版權開發權利。該項目的價值在於，我們可以用跨界的體驗思維，不斷創造新的內容，融合政府、企業和消費者的不同需求，架設多重商機的實現平臺。

在洞察體驗時代的商機過程中，要找準定位，重點思考三個問題：

我是誰？

我對誰有用？

我能幫助你，之後你幫我做什麼？

在體驗經濟理論的指導下，為消費者制定能夠真正滿足消費者需求的體驗模式，從而贏得更好的市場效益。

體育創業中的共享經濟與共情主義

在很多夥伴的幫忙下，我的創業路貌似要進入快車道，要有一些大事件發生，但我第一時間想到的是要淡定，要反思，要沉靜點，思考一下哲學問題——為什麼大家願意幫助我？思以致遠，翻書總結，或許理解下為什麼在創業路上我們要相互幫助，我們會幫助誰，我們為何去幫助別人！洞察行為是一件有意思，也是有意義的事情。

（1）適者生存的概念，不是達爾文的專利

創業的路上，我們總被教育，這世界是殘酷的，要遵循適者生存的法則。先糾正一個常識的錯誤，適者生存這個名詞其實是個經濟學語言，是 19 世紀英國政治哲學家赫伯特‧史賓賽提出來的，不是達爾文先生。這種強調個人主義，強調成功才是王道的觀點，構建了一種態度，一種強者生存的態度，社會達爾文主義會主張自力更生和個人主義，辯證地看，我們所欣賞的事業成功，只要不是靠投機取巧，而是靠奮鬥獲得的成功，就應該被鼓勵。這是創業路上我們對自己的要求。

創業路上，我的個人體會是，凡競爭，其最後比較的是核心能力，或許是行動，或許是思維。

（2）競爭之外，是什麼能讓我們活著

如果人生只有競爭，我們會始終活在緊張的節奏裡。1902年，俄國的克魯泡特金的著作《互助論》提出他的觀點，人為生存而奮鬥，並不是一個人對付其他人的過程，而是大家一起對抗惡劣環境的過程。換句話說，集結成群，建立起一套互相幫助的體系，是一項至關重要的生存技能。群居動物必然有社會性動機，人自然不能例外。

創業的過程更是如此，靠一個人，靠一個小團隊，事情是做不大的，但如果想不清楚如何去幫助，為何被幫助，就是一件很「二」的事情。其實，往本質上說，就是創業的商業模式。

（3）共享經濟和共情主義的理解

我不是經濟學家，不是理論學者，所以以下觀點，純屬個人理解，隨筆而已。先聲明一下，我們不裝「大尾巴狼」，不談理論，純談理解。

共享經濟，最近很紅，在我看來，其去中介化和再中介化的特點，足以解釋它的目的和作用，無他，互聯網的發展，讓資訊和資源的調用有了彎道超車的可能性，有了讓傳統模式被顛覆的趨勢。傳統是什麼，就是時間長了，你習慣的方式和方法，非傳統是什麼，就是把握住一個痛點，死命地講不同。

回到體育創業過程中，我們所面臨的挑戰，或者說以我和我朋友為代表的創業者，在忙什麼，為什麼忙，一句話，查缺補漏換思維。

理解共享經濟的價值，在於分享和分配，我的理解也是一句話，「己所不長換你來，己所擅長別搗亂」。如果你只是理解了共享經濟的共享、分享，不理解後面的分配和再中介化，其實就是不理解。如果體育創業，或者體育產業的發展，理解了共享經濟，或許在下一階段的高速發展期，諸位可以找到某些啟迪。

共情主義，其實不是特別紅的概念，但是在我看來，值得思考。

什麼是共情？簡單來說是讓人類對別人的感受產生共鳴。可以說，人之所以為人，是因為在演化過程中學會了換位思考，學會了為別人著想，從個體變成了群體。

人類社會建立在叢集的本能之上，這種本能已經存在了上百萬年，不同的動物群體同樣被它凝聚在一起。每個個體都不是孤立的，而是和更大的「集體」相聯繫。打造一個適合生活的社會，不僅需要法治與經濟的驅動，同樣需要一種能把更多人聯繫到一起的力量。它比利益和規範體現得更廣泛，那就是幫助，設身處地地為他人著想，這是一種本能，也是存於個人內心的矯正標尺。正因為有共情心，無數個「我」才聯繫在一起，成為「我們」。這種與生俱來的能力能讓人類生存其中的所有社會變得更加美好。

只有彼此學會共情，學會換位思考，幫助別人，集結成群，才能將志同道合的朋友們捆綁在一起，形成合力。

(4) 共情是共享的精神表達

或許是在意失去，對於大家而言，我們習慣於將自己的創意、產品進行囤積，再將其售賣，以獲得經濟效益。我們習慣於貯存東西，不與別人分享經驗、專利、祕密，這是大部分個人、企業、機構，包括政府在內獲取價值的方式。但這樣做的結果會造成巨大的損失，產能過剩，資源浪費。

在這個快速變化的世界裡，人人共享帶來的合作能使我們以前所未有的速度、規模和品質發生改變。創造力、創新、復原力和資訊冗餘是每一個人人共享組織的本質特徵。我們可以在這樣的平臺上快速地進行試驗、重複、適應和發展。企業能以更節省成本、更快速的方式來解決問題，節省了大量從 0 到 1 的開拓成本。

在我們創業、發展的過程中，如果大家都有共情及共享的精神，相互糾錯，相互分享，形成合力，那一定是 1＋1＞2 的，每個企業，都會實現指數級的發展。

如果我們可以靠創造來發展，靠創新來致富，靠分享來共贏，靠制度來堅定誠信，我們的未來會更美好。

最後用一種邏輯來收尾，如果一種行為，你一來我一往，平均來說或長遠來看，能給動作發出者帶來好處，這一行為就會被保留下來。如果社會尊重和保護這一行為模式，則動作的發出者，無論何時何地，不會糾結在最初動機是否有利於自己。

當體育撞見房地產及其他，怎麼找商機

在 2016 年 5 月舉辦的「度假地產和度假業態創新研討會」上，我與上百位房地產業的大人物和精英，暢談了一個話題，就是運動體驗改變度假地產的可能性，講的不能說多麼精彩，但是自認為很真實，效果看上去不錯，原因無他，體育對於地產界的各位來說，是個新命題。

盤點一下我的參會感受，或許是有意義的。

（1）有一種缺，是剛性需求

與會者眾，目的就一個，找到有用、有效的項目。各位老總給我的統一感受是，不缺錢，不缺資源，不缺地，就缺事！其本質的原因是，原有的、常規的方法，曾經有效果、有收益的項目不好用了，大家都提到了要轉型，要迎接新的挑戰，這種缺內容的需求是如此強烈，參與其中感觸頗深。

但是，這裡面是有問題的，在深度的溝通中，我發現，各位地產界的大人物們缺的不只是內容，而是思維。

這話說得有點大，但卻是我的真實感受，因為各位的目的性太直接了，就是只關注怎麼能解決問題，解決如何盈利的問題，大都忽略對過程的重視，都有點喜歡「拿來主義」。

用收益率之類的思維去找項目，自然是只關心結果，不論出處，但是，這一種思維解決不了真正的問題，即如何建立資源的稀有性，如何吸引明確的目標消費人群，如何打造不易被模仿盜用的品牌價值，如何擁有核心的產品或服務。非如此，何以真正盈利呢？

所以，有一種缺，叫缺思維，是剛性需求。

(2) 有一種無，是現象

凡事做好，必有邏輯，邏輯之後就是理論，有理論，自然可以提綱挈領地看問題，分析問題。而在體育遇到地產的場景裡，無理論是普遍的現象，或者說，在其他領域也是一樣，大家太實際了，實際到就是買賣的關係最直接。

沒有詩和遠方，只有當下，沒有理論支撐，只有模仿。或許這是我的一家之言，但卻是真實的感受，這種無，不是說誰不專業，而是在看似專業的背後，缺少方向。

參與期間，可以感受到大家彼此交流的熱情，感受到學習向上的態度。但在聽聞討論的席間，我的理解是，大家都擺出了我需要的姿態，我有什麼什麼，只要你有什麼什麼，馬上就可以怎麼怎麼，看上去這是特別正確的交流姿態，但仔細地想一想，其實這樣很難撞擊出火花，落實下一步的合作，為什麼？原因無他，在更深層面，大家其實沒有態度和目標。

所以，有一種無，叫缺理論，是現象。

(3) 有一種空，是商機

無中可生有，空處可填白。當體育撞見地產，我此行的最大感受是，全是商機。何生此感，因為體育就像一個萬能的內容，可以完全填充進地產的需要。

原因有以下幾點：

第一，可以幫助明確消費人群，可以進行清晰的人物畫像定位；

第二，可以架設不同消費模式，可以增加更多的服務收益手段；

第三，可以構建全新品牌核心，可以促成不一樣的內容新平臺。

體育是娛樂的一部分，娛樂是地產，尤其是度假地產硬投入之後必需的軟實力。可以看到的實踐案例都在表明，體育旅遊，要不是參與型的，要不是圍觀型的，都可以充分地拉動消費需求，實現一系列資源的整體聯合開發。商機無限啊！

所以，有一種空，叫空白處，是商機。

用我在會上沒有來得及說的一個觀點做結尾，可能是最適宜的。從想法到 IP，從 IP 到購買，是兩個階段，是兩種不同要求，商機都在其中，諸君自己先思索吧！

風來了，「豬」在哪兒

過去的四月，發生了很多變革性的事情，體育圈大事不斷，話題多多，在最後的一週裡，我去做了一件自認為最正確的事，放下工作去學習，因為風來了，人更要冷靜，要去思考下更長遠的路該如何走下去！

四月的前三週裡，體育圈風雲變幻，很多春天裡的故事都有了進展，很多朋友的項目都有了投資，夏天的熱浪來得有點猛！但是，風來了，「豬」在哪兒？

（1）「豬」要有三觀

人要有三觀，觀不正，沒有未來，「豬」更是如此！沒有三觀的「豬」不是好「豬」，沒有正確三觀的「豬」是飛不起來的「豬」。體育產業投資和發展日益火紅，要從本質上看風為什麼會來，整體的國家經濟形勢其實不是太樂觀，未來 2 年的實業發展將是一個轉型升級的階段，體育產業作為經濟增長點的定位，消費升級的大趨勢的掌握，你就能看見大家在追逐什麼，或者說你應該去做什麼，這就是立三觀的前提：

①觀己身，你是誰？核心能力有沒有？

②觀人間，為了誰？服務對象清晰否？

③觀世界，目的哪？世界那麼大，你為何飄蕩？

2015 年，中國《國家體育產業統計分類》新增了三大項，體育競賽表演活動，體育培訓與教育，體育傳媒與資訊服務。這是代表了體育產業發展方向的引導趨勢，你看懂否，千萬別見字讀音不動腦子，業態融合，跨界發展才是王道，因為原來的體育產業概念在變化，為何變，因為之前的方式方法不太適應當下的需求。

103

美國的體育產業規模在 1999 年排名國民經濟行業第 11 位，到了 2015 年，排名第四位。

中國的體育產業規模，排名第 60 位。

美國體育產業規模龐大，遠超中國，是世界體育消費的火車頭。根據美國產業研究機構 Plunkett Research 的預測，2015 年美國體育產業市場規模 4984 億美元，占全球總規模的 33%，另據學者估算，美國體育產業增加值早在 2005 年就達到了 1893.4 億美元。

2014 年中國體育及相關產業總規模達到 13574.71 億元人民幣（約合 2100 億美元），實現增加值 4040.98 億元（約合 630 億美元，其中扣除體育用品淨出口後，體育產業的增加值為 449 億美元），中國的體育消費規模遠遠落後於美國。

然後結論呢？自然是快努力，快奮鬥，做有三觀的「豬」！

(2)「豬」要有邏輯

一個在茫茫「豬」海裡能讓人看見的「豬」，一定是風姿卓絕，一定有特點，有自己邏輯的「豬」。

體育產業要紅，人人都愛它，人人都要參與它。問題是它已經不再只是製造業，不再只是產品線，不再只是功能服務，不再只是贊助商務，不再只是很多類別。你要競爭的對手，不再只是當年在體制裡混跡多年的「老江湖」，不再只是傳統模式裡的各種夥伴，不再只是你看見的那些熟悉的面孔，而是一大堆新人，正在洶洶而來。他們舉著互聯網、電商、地產、服務各種名號，在他們的眼裡，體育就是一片處女地，哪裡有江湖道義可言。

所以，一隻可以迎風而飛的「豬」，你有邏輯嗎？

①競賽競技類。不管是賽事，明星運動員，還是俱樂部，這類的邏輯思維裡，強調是所有權，也就是傳統意義上體育項目創業的專業優勢。只是我特別想說一句，定規則，尤其是定運動項目的規則，真的不是你想的那回事，也真不是當下體育從業者的優勢，這是後話！

②項目原創類。依託於特定的運動類別的創新，中外都在不斷地生成，相比較而言，如果眼睛只盯在特色傳統或標新立異兩個角度，就很容易在生存的最初階段活不下去。

③娛樂體育類。體育產業娛樂化是必然趨勢，但如果對娛樂的界定太窄，或者對體育娛樂的手段想得太簡單，那就會形成兩層皮的狀態。客觀上說，截至目前，大多數的所謂娛樂體育項目都是這一階段。

④功能服務類。這一類，目前競爭最為激烈，大魚吃小魚，小魚吃蝦米，沒有金剛鑽，千萬別隨意。如果體育產業的發展，所謂的互聯網就是一堆APP，就是一堆所謂業類領先，重度垂直，那就太扯淡了。

沒有邏輯的創業都是「自嗨」，沒有邏輯的「豬」都是「天使豬」預備而已。我和很多夥伴在溝通中發現，敢於行而後思的是體育創業者普遍的現狀，爭第一，勇敢邁出第一步，絕對值得讚美。但是，真的要去想邏輯，敵無我有，敵有我精，敵精我快，最關鍵的是，誰是敵，誰是友，你是誰！而更要堅決想清楚的是，別用競賽的思維去做泛娛樂化的體育項目，那必定會很艱難！

(3)「豬」要有靠山

創業是一個很寂寞的事，因為不論是個人還是團隊，在真正成功實現既定目標之前，不會有太多人都無條件支持你，信任你，要不怎麼叫創業呢？所以當風來時，看見別家「豬」在飛，千萬別以為自己就是下一個能飛的「豬」！

遍觀市場，不光是體育，哪一行的領頭羊背後，不是你中有我，我中有你的狀況，因為投資和市場都是逐利的，有空各位可以去研究一下各種露出項目背後的人物關係，都是混血型的。

要做一頭好「豬」，在選擇的最初要找到幾個靠山，尤其是你沒有天生優勢的時候，別去羨慕嫉妒恨隔壁老王的各種便利，問問自己，自己能靠誰！

①團隊。創業最需要的是自省，沒有團隊的執行力，一切都空。

②思維。多換思想少換人，少換思想多換人。思簡而專，極致而強。如果還是傳統思維的話，就別創業了。

③資源。相比較而言，創業者最需要的是資源，而不是資金。我指的資源是一手的，創業的目的是能盈利，如果只是會花錢，那叫專業經理人。

還有一個很重要的工作，做好了也能算項目的靠山，就是商業模式，可以用到的工具叫「商業模式圖」（Business Model Canvas）。簡單說，就是釐清自己所思所為的過程，分清主次，確認優先順序，沒有什麼比能洞察自己更重要。

體育創業的幾個選擇題

我在創業，還在體育口，因為已經做了好幾年了，一不留神，就成了業內的老人了，經常會遇到打算創業的朋友們，或者要進軍體育領域的新人們，他們都在問，體育創業，你覺得怎麼樣？所以先聊聊體育創業會遇到的幾個問題，選擇完，再下結論。

若君要創業，死志先立！你有死而後生的勇氣嗎？

1. 有。

2. 沒有。

選1，可以繼續；選2，可以退出。

創業的想法可以隨時有，創業的決定不能隨口做！在我看來，很多所謂的創業更像是投機，因為快進快出，不是真正的創業，所以那些追逐著熱點，特別會說題材的創業者，說白了，就是騙你沒商量的傢伙。創業是很艱辛的事，如果你沒做好心理準備，沒有想到可能一個人扛所有麻煩的前提，沒有想到從此家就是睡覺的旅館，從此享受的樂趣就要與你無緣的話，創業，那還是算了吧！

我最初創業是被朋友拉下水的。一個上海男人和我說，兄弟，咱不委屈地工作，我出錢，你自由地奔跑吧！我一衝動，就從集團副總，變成了帶著一個兵起步的小公司總經理。時至今日，雖然後來發生了很多事，但還是會

感謝那哥們兒，因為他生生地把我踢進了死地，不經歷最痛苦的選擇，就不會能硬起脊梁在今天說，我一切都可以！創業最初，真正磨練的是擔當，從一個可以有退路的員工變成一個只打算前進的老闆。

若君要創業，問己為先！你有剖析自己能力的態度嗎？

1. 有。

2. 沒有。

選1，可以繼續；選2，可以退出。

創業者有幾個特別統一的特點：

善於自己給自己激勵；

起得比雞早，睡得比狗晚；

說起自己的那點事，滔滔幾小時可以不重複；

要能洞察自己的真正目標。

何為問己，就是不停地問自己，創業，憑什麼？創業是要有自己的行為支點的。換句大白話，就是你總得有點本事，有比大多數人強的能力，不管是什麼，總得有一個。很多創業的朋友在審視自己的時候，都是想當然地以為自己最強。創業最難的是初期，不是後期，所以如果你創業的激情全來自未來怎麼怎麼樣，那麼你創業就不會成功！

前一段日子，某一個體育圈裡聊起體育產業的美好未來，各路英豪熱情洋溢地暢談著，體育＋旅遊，體育＋文化，體育＋地產，好多體育＋，大傢伙都在暢聊體育產業如何如何，我問了一句，體育人口怎麼定義，然後話題就沉默了，什麼是體育人口，這個看似更基礎的問題，其實還沒真正的統一新定義，所以，體育產業這個界定就其實在各說各話，聽上去大家在說同一個話題，但實際不是一類。

若君要創業，集團成事！你有創業的集團嗎？

1. 有。

2. 沒有。

選1，可以繼續；選2，可以退出。

這已經不是一個孤膽英雄的時代了，創業比結婚更複雜，沒有團隊，沒有背靠背的夥伴，沒有能力上相互補充的能力者，創業成功幾乎和你無緣。原因無他，創業的相關事務是很多的，我有時候想，自己還是很幸運的，越創業，就越相信命運的安排，貴人不常有，我總是遇到！

創業的過程，其實也是個排他的過程，你不可能和一大群人去商量，去討論，去落實，艱苦的創業過程中，能有幾個人相互信任，相互支持，相互取暖，就不錯了，創業是要做實事的，不是光耍嘴皮子。

有一次，另一個體育圈的朋友們說起創業，說要趕上浪來的契機，要變成風口上的「豬」，一起想到了一個好點子，就在玩笑間說集體眾籌做個項目，各家都有資源，一起弄個合作，越說越興奮，剎那間，錢，事，熱情激勵完全到位。其中有一位兄弟，還是個好朋友，某知名記者說：「我要轉型，我來挑頭弄，起名字，做設計，談結構，成立籌備組。」我沒好意思潑冷水，畢竟有點激情不容易。過了幾日，我問他：「創業項目準備怎樣了？」兄弟嘆了一口氣：「沒人真的弄，都只是說。」是的，創業哪裡那麼容易啊，找對人，真做事，才有可能！要不，這市場一大群投資都在問，好項目在哪裡，好團隊在哪裡！

創業其實就是一場修心的過程，你會真切地見識到這個世界的本質，你會遭遇形形色色的人群，有人會迷茫，有人會痛苦，有人會狂熱，有人會堅韌，最終，你會看見你自己，明白自己是什麼樣子。創業，痛且快樂著。

體育「十三五」，G點在場景化消費

一個大國和一個小國的差別，其中一點就是政策影響力。一個方向性政策的頒布，能調動起多少資源，多少人心去想一類事、去做一類事，我是越來越有體會了！這幾年，中國的國內生產總值（GDP）指標慢慢不提了，因為太功利，太直接，太單一。不過，更理解市場規律的政府決策人才更厲害，

大方向一定，大手一揮，引導資金一發，引來無數尖叫，我等才明瞭，政府才是真正的大型普通合夥人（GP）。

去了D，去了P，我們來說說G，人的一生，如果不瞭解什麼叫G點，基本屬於虛度，生活如此，事業發展也如此！然而，千人不同面，萬事不同G，體育發展「十三五」規劃，肯定也是繁花入各眼，各有各的理解，這兩天解讀的人無數，我結合一線的感受，從體育創業的角度說說自己的看法。

G點的特徵一，創新在於找無！

客觀上說，體育產業的發展在當下是遇到了一些問題，官方說法，這是進入了改革攻堅期。

(1) 體育管理體制要深化；

(2) 體育社會化程度不高；

(3) 基層體育組織發展滯後；

(4) 公共服務體系不完善；

(5) 競技體育項目結構不合理；

(6) 當下體育產業總體規模不大。

聽上去基本上之前都白做了，或者說，目前的體育市場沒有榜樣，沒有可以稱為對的標準，都在摸索中，大家彼此別有什麼優越感。

對於創業者來說，這就是機會，這就是體育創業的春秋戰國時代。自然諸君得界定好你是諸侯，還是白丁，你是哪家哪派，還是準備另起山頭，自立門戶。

創新在於找無，無中生有、填補空白。幾個動作得做：

(1) 環顧四周，同樣的事情誰在做；

(2) 展望國際，相似的事情誰成功；

(3) 洞察自己，核心的能力有沒有。

G點的特徵二，創業在於找新場景的決定權

現在的時代，是為體驗買單、為場景消費的大時代，如果你還沒有抓住這個特質，那麼，朋友，你要被淘汰了。

體育「十三五」，給大家描述了很多新的發展方向，但這都是宏觀方向，具體到落實舉措，明確到創業的入口，如果能透過現象看本質，那有閃閃發光的幾個字——場景消費。政府導向的是結果，實施的是物理投入，需要市場回應的是資金和資源，但真正發揮價值，或者說需要補充的是能力，也就是我說的體育場景消費的規劃和執行能力。

對於體育產業來說，7兆元的市場規模，怎麼實現？靠傳統的競技類運動和體育製造業，顯然不可能做到。用場景連接運動，創造新的消費方式，引領新的消費習慣，是體育產業創業者需要思考的問題。

場景重構體育產業新模式的核心。場景爭奪成為今天體育產業升級和體育產業創新的必由之路。戰略、產品、渠道、營銷、流量、品牌，這些我們耳熟能詳的關鍵詞，今天都在被場景顛覆。場景能動＝渠道，場景成為傳播的接觸點和分享的觸發點。

G點的特徵三，創新在於找創造場景的能力！

產業的本質是能產生價值，不然都是假大空（假話、大話、空話）。如何能從國家的體育產業「十三五」規劃裡獲益，如果還是老思維，想著利用渠道和投入去獲取國家補貼，就如同近來熱議的新能源汽車行業政策一樣，變成扶不起的阿斗。所以，諸君有創造新體育場景的能力嗎？

對於體育產業來說，消費者從坐在觀眾席上欣賞競技類運動，到有了互動參與的需求；從單純的運動需求到娛樂化的運動享受；從進行大眾化、平民化的體育項目，到追求小眾化、貴族化的獨特運動體驗。體育對於民眾來說，由傳統的運動健身，升級到了高品質生活的象徵。越來越多的人，喜歡用各種不同體育場景的設計來包裝自己，為自己貼上各種諸如高品質、時尚、愛運動等標籤。也有越來越多的人，願意為了健康、運動掏腰包，付出比產品本身價值要高出很多的消費。

幾乎沒有什麼產業的消費場景，能像體育這樣，擁有普適性，架設出分門別類、跨領域的各種消費場景。同時，體育產業場景架設的外延豐富，比如要營造一個運動場景，我們可以連接到健康膳食、可穿戴裝備、VR設備、戶外、旅遊、組織活動、票務等太多的外延產業，這些都是可以構成消費的生意。

可以說，如果沒有場景設計，那大家每天在社交平臺上就沒有可更新和分享的內容。場景重新構造了我們的消費方式、付費規則，也重新定義了我們的生活方式。

塑造場景化必須同時具備四個核心要素：

①**體驗**。「體驗」作為商業邏輯的首要原則，將大範圍、多維度重塑和改造場景。

②**連結**。基於移動互聯網技術和智慧終端所形成的動態「連結」重構，讓場景能夠形成一種多元的碎片化。

③**社群**。社群感、次文化形成內容的可複製能力，造成大規模傳播和用戶融入感。

④**數據**。大數據成為量化驅動場景商業模式的底層引擎和樞紐元素。

總而言之，「十三五」的政策頒布後，我特別高興，因為我們自己具體規劃的項目都踩到點上。我以為，場景消費的理解是有助於體育產業創業的同行們去思考的一個新角度。

場景重新構造了我們的消費方式、付費規則，也重新定義了我們的生活方式。而體育產業在未來的下一步就是生活方式的最主要的表達內容。

新的體驗，伴隨著新場景的創造；

新的需求，伴隨著對新場景的洞察；

新的生活方式，也就是一種新場景的流行。

未來的運動生活圖譜將由場景定義，未來的體育商業生態也將有場景架設。換個思維看體育，可有所得？

做一個有思想執行力的人

子曰：「學而不思則罔，思而不學則殆。」接下來說說遊學，因為我和一幫好朋友一起去深度訪問了三個不同的企業——易寶支付、凱叔講故事和探路者。

走出去，才能看到世界的多樣性；

走進去，才能洞察不同之後的統一性。

我看到的是思想執行力。

（1）做一個有思想執行力的人，首先是洞察能力。

洞察的不只是客戶，更是人性，更是自己。很多的朋友都在創業，很多的企業都在競爭，市場上硝煙瀰漫，人人都似乎在闡述與眾不同的方向，或是在彰顯自己卓而不同的見解，透過現象看本質吧。

如果不能洞察清楚自己是誰，就會迷失在「大師們」的指引下，會迷茫；如果不能洞察明確自己在哪兒，就會混亂在無數可能的機遇中，會投機；如果不能洞察確認自己要啥，就會糾結在或左或右的選擇裡，會痛苦。

洞察的過程，其實是一個自我否定，自我認可的過程，是一個尋找信心支點的過程，是一個涅槃的過程。易寶的支點是支付，連結的是資金源的多樣性和支付形式的多樣性；凱叔的支點是故事，連結的是兒童習慣的養成和家長自我能力補償的需要；探路者的支點是旅行，連結的是戶外的資源多路徑和體育人口的社群聚集。

（2）做一個有思想執行力的人，其次是確認目的。

我們提目的，而不是說目標，因為目的高於目標，格局決定未來。遊學的過程是一個審視自己，比較世界的過程，朋友們的創業都如我在路上，有

困惑，有努力，有不足都是很自然的，但是在確認目的的時候，我以為很多夥伴想得太過於直接，過於目的性強。

目的能決定取捨；目的能縮小範圍；目的能明確方向。易寶的目的，在於建立提供給用戶的支付服務一站式解決體系；凱叔的目的，在於建立提供給用戶的孩子成長問題的解決方案；探路者的目的，在於建立提供給用戶的戶外旅遊體驗的線上線下服務解決平臺。

（3）做一個有思想執行力的人，再次是瞭解什麼是場景消費。

場景消費的本質是占有時間。吳聲在他的書裡提到的場景的幾個描述我以為還是很到位的。

①場景是最真實的以人為中心的體驗細節；

②場景是一種連接方式；

③場景是價值交換方式和新生活方式的表現形式。

場景構成的五要素，時間，地點，人物，事件和連接方式，缺一不可。而是否能擁有一個新的場景，並且能有定義它的權利，其實就是當下時代發展中你能否把握商機的前提。

我天天宣揚體驗經濟理論，此次遊學，很是開心，因為所訪問的三家知名企業，其實他們都在踐行我倡導的體驗思維。

場景消費的優勢，是你可以轉化用戶對你的單一功能訴求，有更強的情感著附；你可以界定附加值產品的邊限；你可以突破自身能力的特點和上限。易寶的場景，在於基於支付交易的增值服務場景便捷調用；凱叔的場景，在於基於內容探知用戶需求後的童年美好世界的習慣養成；探路者的場景，在於基於戶外運動需求的中國最大的線上線下體驗式旅行服務商。

做一個有思想執行力的人，聽上去簡單，做起來其實是很不容易的，從想到，到想通，從想通到想透，從想透到能做，從能做到做對，從做對到做好……。這一路，每一個環節都是對自己的考驗，也是對團隊的考驗，因為這世界從來不會只有一個人的力量就可以成功。

我是一個自己選擇走上創業道路的人，人生不是沒有可以安逸的選擇，不是沒有高大上（高端、大氣、上檔次）的職位，而是真的在路上，去把想法，去把思想變成看得見的項目，摸得著的事情，可以獨立地呈現結果，那種感覺叫自我滿足，叫自我價值。

　　做一個有思想執行力的人，與別人唯一的不同，就是可以自豪地說那句，「兄弟，這事，我想過，我做完了」。對面的那位哪裡不如你，就在於他說得最多的是，「兄弟，這事我想過」。然後呢？沒有了然後！

　　人生或許長，人生或許短，套句廣告詞：I think, I do it!

　　這會是一個好的時代，因為一切都可能被重新界定，期待吧，一切都在變化中，你是不是也身在其中。

下篇　移動互聯網時代的各種嘗試

中國電影公司對接好萊塢有錢人

一說到好萊塢，相信很多觀眾會把它跟美國大片畫上等號，很多電影從業者把它看作電影聖殿，不少影星把進軍好萊塢作為自己的努力方向，李連杰、成龍等中國影星都進軍過好萊塢。2015年中國電影公司也向好萊塢進軍了，華誼兄弟宣布計劃在三年內和美國好萊塢的一家電影公司合作18部電影。華誼兄弟在中國電影圈是數一數二的電影公司，先後推出過很多電影作品。華誼兄弟宣布牽手好萊塢公司之後，有人反映不理解。

其實，華誼兄弟這次與好萊塢不僅是合作，而且合作規模很大，三年之內合作18部電影，合作的層次很豐富，一起投資，一起發行，這對華誼兄弟是好事。全世界娛樂行業或者電影產業龍頭就是好萊塢，好萊塢是有史以來電影產業運作最成功、最成熟的機構。華誼兄弟是中國一線公司，它跟國際一線公司合作，各方面有收益，我們開玩笑是「傍大款」（以金錢為目的嫁給有錢人），其實這是很積極達到目的的做法。

華誼兄弟這次進軍國際市場，是以投資的方式購買18部好萊塢影片的中國發行收益，涉及投資、發行、分帳，還有著作權，既有面子又有裡子。而這個理由也是其他中國電影公司紛紛效仿想進軍好萊塢的理由。因為，中國的電影產業或者圍繞著電影衍生的文化產業其實還是比較稚嫩的，像《星際大戰》票房累計18億美元，圍繞衍生品45億美元。所以使中國的電影公司也要向大娛樂文化產業做，包括資本市場也對這種東西給予高的估值。某種意義上講，這些中國電影公司或者影業公司、發行公司，透過與海外一線巨頭的合作，一下子得到了整體的提升，這個對它們是非常好的機會。

除了華誼兄弟，像樂視影業、博納影業都在進軍國際市場，牽手好萊塢公司。有人說，將來在內容或者發行商獲取大的提升之後，我們可能不再期待好萊塢大片，因為我們自己也能夠生產出這樣的大片了。

其實，《英雄》、《功夫》在海外都有不錯的票房，但是大多數時候，中國電影在海外票房一般，因為文化、編劇、節奏上有點不一樣，所以很多中國電影還是著重中國國內市場。如今全方面合作，製片、拍攝、合作，包

括演員的使用等全部打通，加上中國概念對於整個世界影業的格局也會產生一定的衝擊，從目前講應該是時間到了，很多年前，李小龍去過好萊塢，周潤發、成龍也去過，他們大多是出演一兩部片，或者是某種類型片，沒有成為主流。這一次雖說中國影業公司不會馬上打到一線，但是它的做法是對的，往產業鏈上游走，這對品質的控制或者對於製作的經驗都有一個比較大的提升。

合作一般來說要互惠互利，中國電影公司牽手好萊塢之後可以在內容等方面得到提升，但好萊塢電影工業已經領先全球，跟中國電影公司合作有什麼實實在在的好處呢？就是看到中國的票房潛力巨大嗎？

一方面是他們看到中國巨大的票房潛力和中國整個娛樂產業巨大的市場。因為美國這幾年中平均一年全部的電影票房可能只有不到 400 億美元，但是它帶動美國娛樂產業達到 5000 億美元，全球娛樂產業達 1.9 兆美元。不僅中國是新常態，全世界都是新常態，經濟不景氣，包括美國退出 QE 經濟也不穩定。在這個情況下，他們對中國市場，對中國娛樂產品和電影衍生品市場、文化產品市場都有一個比較好的期待。這個時候趁著中國影業公司比他們弱的時候進行合作，他們是很歡迎的。對他們來講，這個市場不僅僅是票房的市場，後面可能有二三十倍衍生品的空間，是中國影業公司救了好萊塢的公司。在這個情況下，我覺得它們迅速合作是大家都覺得占了便宜。就像網路上的一張照片，一個穿短褲的人和一個穿羽絨服的人擦肩而過，兩人都覺得自己很聰明。

現在去電影院看電影的觀眾越來越多。2014 年中國電影全年創造的票房是 296 億，觀影人次達 8.3 億次，這是讓世界震驚的一個增長速度。中國電影拉動全球電影的增長，各種資本和互聯網以不同形式湧入，為中國電影帶來源源不斷資金的同時，也不斷變革和顛覆電影的運作模式。這幾年隨著中國電影票房不斷增加，中國電影工業的水準和製作團隊管理水準在全球的地位與水準也有了提升。這有幾個層次，第一是電影工業生產技術熟練了，但是不一定說提高多少，就像富士康的工人，裝配的速度快了，但是裝置東西未必有本質的提高。現在中國電影增長是一個平面上數量的增長，可能不是

飯店餐飲管理

下篇　移動互聯網時代的各種嘗試

品質的增長,很難說電影工業在藝術追求上,甚至在商業運作程度上比以前有很大的提高。更多還是橫向的,是一個人吃胖了,不算很壯。從這個角度講,增長的空間很大,但是這也是樂觀的。它只長胖,也能漲到296億,如果品質更好,漲到1296億是有可能的。現在處於質量全面提升的前夜,包括從業人員、演員都在互相磨合,這個時間不會太久,大概兩三年的時間。

那麼,中國國產影片需要在哪些方面快速提升呢?我覺得弱點還是中國電影的各種基本專業普遍有缺陷,比如說編劇故事本身的合理性,很多故事本身不通,可能就是幾個明星在上面串串戲。一些劇本不太令人滿意,或者說劇本跟它的票房完全不對稱,這是第一個。第二,電影表達的觀念或者理念可能跟社會趨勢有脫節,三觀不正也是有的。第三,製作上的技術比較粗糙。這三個方面制約了中國電影往海外走。第四個,可能是節奏。舉個例子,《智取威虎山》,中國觀眾覺得很好看,但是到海外,因為文化差別,外國人根本不知道東北鬍子是什麼,也不知道什麼叫剿匪小分隊,這些差異比較難跨越,有一個天生的隔閡在裡面,這些東西是需要改善的。

這次中國的電影公司牽手好萊塢一些國際電影製作團隊,真的應該好好學習一下,借鑑他們的經驗。一方面學習他們整個團隊的運作,包括電影怎麼拍、成本怎麼控制、演員占多少、技術人員多少、後期多少,他們這塊很成熟,有助於減少投資的浪費,提高投資的CP值。製作上,學習他們的專業技術,例如特技的製作。還要學習他們劇本的節奏,甚至劇本裡面對於人性的處理,這方面他們比較有經驗,是他們過去幾十年累積下來的,觀眾比較容易接受,這有利於形成一個很好的商業電影。另外,就是衍生產品,票房裡面的植入式廣告也值得我們看,因為好多中國電影的廣告植入太生硬,變成看廣告之餘看電影。

中國電影公司牽手好萊塢後,除了向好萊塢團隊學習外,也會在一定程度上影響國際市場。首先好萊塢不是鐵板一塊,好萊塢是一群純正的生意人,猶太人在美國占2.5%,但是在好萊塢產業中占65%。他們天生就是逐利的,特別容易被資本影響,像《變形金剛》裡面,中國廣告迅速傳染他們,他們接受了。

另外,他們能很快同化、消化你的能力,又能把你吸納到他的軌跡裡面去,所以中國資本與國際電影可能是一個互動的關係。現在他願意陪你玩,看好你的市場。像王中軍講的,人家希望跟他合作,到中國市場放美國電影,讓美國電影賣得更好,沒有哪家美國公司主動說,把電影推到外面去,但是這個情況很快發生改變。因為對他們來講,好萊塢也是一個層次很豐富的地方,有人是投資的,有人是混飯的,也有人在裡面不斷做顛覆式的創新。中國國內有些大互聯網公司,市值百億美元,也有美國影業公司主動找他們談,這很現實。他們可能到時候也會為中國影業公司量身打造有市場的電影推向全球,未必是中國國產電影,但是裡面有中國元素,可能是中國演員,可能是中國場景。這種事情會越來越多,這要看中國影業公司怎麼把握,在商業博弈拉鋸中能爭取多少空間。

首富更迭折射中國經濟變化

每年的富豪榜單，特別是首富們的變遷更迭，如同萬花筒一般。首富榜是財經大人物不斷追求的，也是百姓所要瞭解的。就連街頭巷尾的大叔大媽們都在樂此不疲地討論，誰又有錢了，誰成首富了，誰一直都是千年老二。對於財富的話題，人們永遠有著很大的興趣。

有人說首富更迭的速度實在太快了，每年一個，甚至可能都坐不滿一年，不過，首富榜就是這樣，如同逆水行舟，不進則退。

中國首富的變化速度不僅反應出商業領袖財富的變化，更代表他們引領不同時代發展的變化。說到首富排行榜，一定要說一個具有公信力的榜單。早在 1999 年 7 月 19 日，有個英國人叫胡潤，他排出中國歷史上第一份與國際接軌的財富榜單，開始的時候名字叫中國大陸五十強，現在的名字叫胡潤百富榜。也是從那個時候起，中國人開始加入首富的比拚當中。

1999 年首富是電影明星劉曉慶，2000 年首富是中信集團榮毅仁家族，2001 年首富是希望集團劉永好家族，到了 2002 年首富是中信泰富榮智健家族，2003 年的首富是網易丁磊，2004 年和 2005 年首富都被國美的黃光裕所拿下，到了 2006 年是玖龍紙業張茵，她也是首次進入首富榜的女首富。2007 年的首富是碧桂園楊惠妍，2008 年首富是國美黃光裕，2009 年首富是比亞迪王傳福，2010 年首富是宗慶後家族，2011 年首富是三一重工梁穩根，2012 年首富是娃哈哈宗慶後，2013 年首富是大連萬達王健林，2014 年首富是騰訊控股馬化騰，2014 年底到 2015 年初的首富是阿里巴巴馬雲，2015 年剛剛從馬雲手裡奪下首富的是漢能集團李河君。

每一個首富在形成的時候，其實都是一個產業最興盛的時候。有一個大體的變化，從最早劉曉慶、榮毅仁到中期的 IT 精英，再到近幾年飲料大王宗慶後、地產大鱷王健林以及現在榮登寶座的馬雲、李河君等。隨著中國時代的變遷，首富也在不斷變化，從這其中我們看得出中國經濟這些年的發展脈絡。在不同的時間段，從中細細品，能發現一些規律。比方說 1999 年到 2002 年，這個時期是利用改革契機創造財富的時代，簡單說那個時期你只要

適應潮流，就能獲得國家的支持，累積不少資本。這一時期企業家的財富累積方式，或者說命運的劃分更多與體制改革因素息息相關。比如說 2001 年中國首富中信集團榮毅仁家族，榮毅仁當時是國家副主席，所以近水樓臺先得月，但是他是標準的紅色資本家。再比方說 2001 年中國首富希望集團的劉永好家族，雖然當時希望集團並不是根正苗紅的政界人士創辦的，是帶著泥土氣息的大公司，但是趕上了好時候。那個時候中國想要加入世界貿易組織（WTO），為了確保糧食安全，國家支農資金絕大部分流向涉農企業。希望集團趕上政府的政策紅利，成為當時擁有 10 億美元、中國最大的私營企業之一。

從兩個例子中不難看出，無論是榮毅仁還是劉永好的成功，都離不開當時時代發展的一個大背景，只要抓住這個機遇，就有可能成功。

時間跨越到 2003 年到 2005 年，這個時期是利用與國際接軌和城市化進程創富的時代。這個進程當中，國際化和城市化速度都明顯加快，人們更加大膽地投資。三年的時間中出現了兩位首富，一個是 2003 年的首富——網易的丁磊，一個是蟬聯 2004 年和 2005 年兩年的首富國美黃光裕。

丁磊的成功出乎很多人的意料，因為他當時花了一年半的時間，成為那斯達克的傳奇，堪稱那斯達克第一股，從 0.95 美元到 70 美元的增長被所有人稱為股價的奇蹟，而丁磊成功的同時剛好證明中國 IT 業的迅速崛起。當時其實有不少美國留學 IT 精英開始回國創業，只是最後丁磊代表這一行業登頂財富的巔峰，這是中國 IT 業的第一代。

在互聯網發展的同一時期，電器類也在不斷地發展，消費結構在慢慢地發生著變化，於是有了蟬聯 2004 年到 2005 年兩年的中國首富國美黃光裕。隨著城市化進程的推進，各類家電賣場像雨後春筍一般出現了，其中要數黃光裕最具有戰略眼光和最懂資本運作。所以短短幾年時間黃光裕就攻城略地，登頂首富並且蟬聯，當時黃光裕身家達到 105 億元。

很多人有印象，當時凌晨 12 點鐘去某一個家電賣場排隊搶特價商品的場面，現在白天搶都不如當年了。當然，時代的發展不會因為個人改變和停滯，所以黃光裕沒能蟬聯首富寶座第三年。因為那個時候時代有了大的發展

和變化，2006年到2008年間，利用資本市場和金融市場創造財富的時代到了。

這個時期算是中國企業發展史上非常有趣的年代。因為在這幾年當中，中國企業的發展可以說是最快速的，各種類型的企業都冒出來了。聰明的企業家關注商業模式的變革，理智的企業家以穩健為核心理念，有遠見的企業家關注未來趨勢，莽撞的、盲目樂觀的人只有盛世萬象和遍地黃金。

這些現象的產生和資本市場密不可分，2006年到2008年這幾年是中國股市最火的時期，各路資本大鱷展現神乎其神的「財技」。買殼上市，注入資產，剝離資產，股票就像玩具黏土，他們握在手裡想怎麼捏就怎麼捏。而股市裡的財富似乎可以這樣無限地上漲，而這個時期首富的更迭和A股走勢一樣，頻率高，壽命短。

2007年A股氣勢如虹，衝破6000點，許多股票一年就翻了幾十倍。那一年碧桂園的楊國強將股份轉給女兒楊惠妍，她以1300億元身家成為中國女富豪，當時她只有26歲。

股市的大浪潮在2009年退下了，投資者是理性的，創業者不再抱有一夜暴富的想法了。從2009年開始到今天，我們將其劃分為另外一個時代，叫利用消費結構變化和經濟支持創造財富的時代。

2009年是中國汽車銷售增長最快的一年，增速高達51%，這意味著中國消費結構加速中產化，中產階級迅速崛起，逐漸成為中國消費經濟的脊柱。從2009年開始，中產階級家庭開始迅速增長，汽車、智慧手機等成為中產階級的標準配備。我們發現各種各樣的生活消費結構的變更開始了，所以汽車業的王傳福和騰訊馬化騰相繼登頂首富寶座可以說是水到渠成的。中產家庭多了，當然拉動中國國內房地產的重生，這其中三一重工的梁穩根和商業地產之王大連萬達的王健林慢慢就成了地產行業的領頭羊。

後來隨著車、房、手機一一實現，如今大家更多地開始追求生活上的舒適，這個時候我們必須要提一個人，就是馬雲。隨著2014年9月阿里巴巴

在美國成功上市，馬雲的財富總額達到 286 億美元，成為中國首富，甚至超過香港首富李嘉誠，問鼎亞洲首富。

可是在馬雲沒有穩坐首富寶座的時候，2015 年剛剛開始，就被李河君拉下來了。馬雲的淘寶幾乎無人不知，無人不曉，但李河君的漢能控股集團大家知道的並不多。

縱觀十多年的首富變遷，我們不僅看到哪個企業家資產在不斷增長、哪個行業是國家著重給予支持的，更可以看透中國經濟結構的調整、升級和未來的一種趨勢。房地產、IT、家電和能源等是絕大多數中國富豪的發家之地，占比高達百分之七八十。改革開放的體制紅利、加入 WTO、國際化、城市化、工業化、股票市場爆發等都為財富創造提供了原動力。

其實，無論是農民企業家劉永好、製造業大亨張茵，還是造車的王傳福、賣水的宗慶後，大多都是草根創業當中的佼佼者。當然這些首富還有一個共同的名字叫民營企業家。他們透過個人的努力，白手起家創造了企業，幾經坎坷，成為所在產業當中數一數二的企業家，而他們的財富是更具實業屬性的。

如今我們回頭看這些首富們的成長史，不難發現，他們的身上都帶著改變和創新的中國特色。他們也都不可避免影響和推動中國經濟不斷發展和變革，就像我們常說的那句話，「數風流人物，還看今朝」。

過去十多年中國首富幾乎一年一換，這和美國的情況相比天差地別，在美國，比爾蓋茲和巴菲特都是久居首富榜的。那麼，為什麼中國會出現短時間更替的情況呢？

這個問題其實討論很多年，一個是制榜者的技巧。胡潤先生每年的榜都是更替的，很多榜單和數字不是一個完全精確的東西，很多時候是胡潤先生為了讓這個榜更優化，所以不斷地變。另外每個行業有一個行業的趨勢在起伏。這兩個原因都有。中國是全世界最大的產業變化試驗田，不斷有人跑出來也正常，這是人類史上沒有出現過，以後也不會出現的，這是二三十年的壯觀景象。

這些榮登榜單的企業家跟對了潮流，抓住了機遇，更重要的是他們運氣比較好，他們很多都是一群人裡面剩下來的一個人，也可能是幾十個行業裡面剩下行業的成功人士。

商業是少數人的成功史，大多人想的都是錯的，倖存者就是成功者，是絕對正確的。成功者怎麼講都對，但是重複他們很難。

有人說，很多首富未來發展不是太好，從巔峰下來很難有第二次輝煌。我認為，傳統行業的首富很難有第二次輝煌，像製造業、房地產業等，但是IT行業會有。像李彥宏很早以前也是首富，後來又回來了，包括馬化騰。互聯網行業有強烈的彈性，而別的行業不會有。

未來發展前景比較大，會把行業領頭人推向首富寶座的領域是互聯網跟移動互聯網，傳統領域再出現一個巨頭或者再催生新故事的可能性很小，有的話也是傳統產業跟互聯網結合才會有巨大的生機，這是大機率事件。別的傳統行業偶爾有，一些大家看不見的地方有一兩個跑出來，但是很難成為首富。

曾經起舞的「大象」IBM 如何轉型

2015 年 10 月關於 IBM 的兩則新聞非常顯眼。第一則是這家科技界的巨頭公司已經連續第 14 次季報公布營收下降，前景似乎蒙上一層陰影；第二則是儘管公司業績下滑，並且股神巴菲特所持 IBM 股票的市值蒸發近 7 億美元，但股神仍是泰然處之，並在之前表示長期投資 IBM 能夠獲得可觀回報。作為科技界巨頭，IBM 公司這三年的業績為什麼一直是處於下滑狀態呢？其實，不僅是 IBM，所有的國際公司業績一下滑，問題基本上都出自金磚國家，包括巴西、俄羅斯、印度和中國這幾個新興市場，IBM 在這幾國的營業收入總共下降了 30%。對於這樣一個大規模的公司來講，這是一個很大的打擊。IBM 經過幾次轉型之後，一半的業務收入來自海外，在這個情況下，海外市場的變化給它帶來的打擊特別直接、凶悍。當然，像貨幣波動、諮詢業務和儲存業務的疲軟也是它營業收入下降的一個重要原因。

IBM 公司當初的轉型導致了連續三年的業績下滑，IBM 公司的新業務也許還不能替代傳統業務產生的利潤空間。現在我們審視一下 IBM 公司的轉型之路發現，提到 IBM 公司，大家想到的還是電腦。之前 IBM 公司在電腦領域可以算得上是藍色巨人，發展趨勢相當不錯，為什麼在這個傳統業務發展相對成熟的時候，公司開始走上轉型之路了呢？

IBM 的江湖地位很高。外資公司中唯一能夠用「偉大」來形容的就是 IBM。因為從某種意義上講，IBM 跟巴菲特的地位是一樣的。巴菲特經歷了美國二戰之後，一直到 1960～70 年代的嬰兒潮，到 80～90 年代的經濟起飛，再到最近 IT 互聯網的資訊化革命，已歷經四個朝代。而 IBM 正好是這四個朝代裡面的一棵常青樹，用娛樂圈的說法，它就是「德藝雙馨」。所以 IBM 帶給大家的東西特別震撼。它也是唯一能夠轉型的，別的公司可能在轉型裡都被消滅了。在這個情況下，IBM 的轉型之路，對它來講是「大公司有轉型基因」，這是很高的評價。最經典的 IBM 前任董事長 Gerstner 說「大象可以跳舞」，也是由它八九十年代的那一次轉型開始。IBM 的轉型一直都在進行，大概十年八年就轉一次，從這個角度來講，比起其他公司，它確實比較有進取心。

飯店餐飲管理

下篇　移動互聯網時代的各種嘗試

　　IBM從十幾年前就開始謀劃轉型，但正式轉型的結點是2005年IBM把PC業務以17.5億美元的價格賣給聯想，當時這件事情還引起了很大的爭論。當年的聯想想向服務轉型，但是轉型的結果不太好。當時那個FM365，請謝霆鋒做的廣告涵蓋一條長安街，結果都不行。於是聯想就做了一個痛苦的決定，把往服務那邊轉型的努力轉回來，把IBM的個人電腦拉進來。IBM當時也下了一個很大的決心，徹底把個人電腦——它起家的本領轉移出來，全面轉向服務那邊。但現在聯想遇到了一個重大關口，IBM同樣也遇到一個重大的關口。商業歷史是一個循環，當年兩者的選擇，貌似都是雙贏的，但是10年後，又回到那個原點，大家又要重新做選擇了。

　　外界一直認為，IBM是一家有轉型基因的公司，但是從現在的季報當中可以看到，公司業績並沒有更上一層樓。現在來看，這個曾經被稱為「藍色巨人」的IBM公司，要從賣低利潤硬體轉型賣軟體，做服務的意圖已經是路人皆知了，同時，也是困難重重。其中一方面原因是在新領域面臨的競爭對手更強，比如它現在轉型的新興戰略業務群，包括了雲端服務、移動端、大數據、社交和安全軟體，它一上去，每一個環節裡都已經有巨頭，而且是很年輕的巨頭。在投資市場，巴菲特80多歲了，他面對一個20多歲的年輕人，他可以有經驗、有資本，但是面對這樣一種市場的時候，IBM面對年輕的巨頭就有些悲壯的色彩，特別是像IBM跟Facebook、推特比起來，那些都是它「孫子的兒子」，是它的「第四代人」。IBM特別像一個瑞典的乒乓球手華德納，中國跟他對戰的，至少有五代世界冠軍，他三十七八歲還在打。我覺得IBM就是這麼一個很悲壯的角色。華德納在中國有很多球迷，他在球場上已經看得太多，也已經習慣了。IBM在美國也是這麼一個性質，其實骨子裡，我們一方面可以說它是善於轉變，有革新的機遇，另外一方面，其實它是一個機會主義者。它為什麼拋售很低利潤率的硬體？其實它當年進入那個行業的時候是很賺錢的，IBM是做硬體的祖宗，惠普那時候挑戰的「邪惡老大哥」其實就是IBM，包括1984年蘋果的廣告，裡面打的那個電視機也是IBM的，包括微軟，它全面反攻打的也是IBM。IBM已經跟所有的創新公司都對壘了一輪，到了第四代的時候，遇到新的Facebook、推特、Google這些公司的時候，就表現出抵擋不住的趨勢。包括雲端計算，它面對的是亞

馬遜。亞馬遜是一個什麼樣的公司？是一個連續虧損了 20 年的公司。這樣的公司在過去的人類商業歷史上是不可能存在的，但是它在新經濟、在資訊革命時代，又變得特別有競爭力。IBM 面對這群人的時候，一方面是對手太強，另外一方面，從某種意義上講它就像一個油井一樣，內在的核心動力可能已經接近一個臨界點了。所以這一次轉型不一定能很容易轉過去。

新聞說「IT 巨頭的寒冬到來了」，而且眼下傳統 IT 行業公司都在雲端計算方面布局，無論是 IBM 公司還是行業內其他競爭對手，似乎都在尋求一個解決方式。所以可以說，IBM 面臨的困局在一定程度上也能夠代表其他 IT 巨頭同樣面臨的一些困境。

比起其他 IT 巨頭來講，IBM 本身的規模夠大。它的基礎更好、消費者培育得更忠誠，包括它的整個系統，做的東西都很強。所以像 Nokia、惠普、戴爾這種公司沒能用「偉大」來形容。但是 IBM 已經孵化和養育出了很多小的公司，從這個角度講，它面臨的困境比別人的困境更深。但是從體制上講，也是更有「可能」，或者我們換一個角度講，假如 IBM 這樣的巨頭在寒冬裡面都調整不過來的話，別的公司可能會比它更危險。從這個角度講，IBM 面臨的是怎麼跟自己競爭、如何自己調整，外部環境已經改變不了了，能解決的就是自己的問題。

IBM 公司雖然目前面臨不少困境，但是依然擁有不少粉絲和鐵粉。這些粉絲和鐵粉中最有名的可能就是股神巴菲特，在職業生涯中從沒有投資過科技股的巴菲特在 2011 年宣布開始建倉 IBM 股票，並且在 2015 年第一季度和第三季度再次購入股票。但是不太爭氣的 IBM，好像沒有給巴菲特太多回報，反而還讓他損失了大約 7 億美元。不過，股神就是股神，依然泰然處之。巴菲特連續逆勢增持 IBM 公司股票讓人很不解，股神到底是相中了 IBM 公司的哪點呢？

因為他們是同一代人，他對 IBM 有複雜的情感。就像雷軍跟陳年、柳傳志跟楊元慶、王石跟郁亮一樣，他們有獨特的感情，有獨特的判斷。巴菲特是看著 IBM 從那個時代過來的，相信它在這個所謂風大浪大的轉變之中有自己的能力。他投資 IBM 的時候列了幾個原因：第一，他相信 IBM 的管理藝術。

這與其說是他相信 IBM 的管理藝術，不如說是他相信他們那一代人的智慧。他覺得「我們還行」，就跟《魔鬼終結者》最新那一期中阿諾‧史瓦辛格講的，「我們老了，但是還有用」，他已經不再講以前那個「I will be back」了。第二，他相信 IBM 公司有能力實現五年目標，當然 IBM 自己後來也放棄了，但巴菲特不同於我們普通股民。我們都在說巴菲特是股神，其實，有一個可能大家不願意聽到的消息，巴菲特不是看公開資訊來判斷一個股票的。他主要憑藉對一個公司、一個股票公司董事會的瞭解來進行甄別。當然我們不能說這是內幕交易，但他會瞭解到各種側面的資訊，來增強他的判斷。比如說 IBM 在政府和企業的高端客戶中生根多年，據此巴菲特判斷它們的業務有連續的穩定性。這個就是財務報表上看不到的，甚至在公開的分析師報告裡面大家也不願意明提，因為這個東西很敏感。或者某種意義上講，IBM 就相當於美國的央企，所以它的政府跟企業裡面的高端客戶，特別是牽涉到安全、牽涉到所謂重要資訊的那部分硬體和解決方案，會優先選擇 IBM，但這個問題誰也不會去捅破。當然，一個很現實的問題就是巴菲特 80 多歲了，「你也別跟我說虛的，錢最重要」。IBM 連續 10 年每個季度都有股息派發，都有現金分紅，對巴老來講，也覺得這個公司好。甜言蜜語沒用，有現金是最大的理由。所以巴菲特看好它的理由都是很古典、很傳統的，他不作牽涉技術，不牽涉業務的一些具體評價。這種說法對不對呢？至少在 2012 年之前的那個世界裡面，都是對的。但這三四年變化這麼大，特別是中國的阿里巴巴一上市，已經成為了互聯網公司世界上頭五大，在整個版圖生態已經變化的情況下巴菲特還行不行，其實我們都很關心。現在已經不是 IBM 行不行的問題，是巴菲特行不行的問題。

　　有人問，透過股神巴菲特對 IBM 公司的堅定信心，是不是可以判斷，IBM 公司已經拿出了一個非常好的應對方案，來給所有的參與者吃顆定心丸呢？

　　我們可以這麼看，現在在互聯網時代，特別是移動互聯網時代，形勢已經發生變化，沒有哪家公司敢說自己有最好的方案，但肯定是它在目前情況下覺得最合適的方案，就是它肯定會用盡渾身解數、使出所有的潛力來做。從這個角度來講，參與者現在就要做一個考驗自己的判斷了。就是人家「貪

婪的時候恐懼，恐懼的時候貪婪」。那現在已經開始恐懼了，你應不應該貪婪呢？這是對人性永恆的考驗，它已經不是一個商業的方案。IBM 轉型行不行，這一次轉型能不能過去，可能幾年之後才看得見。它有可能成，有可能不成。這個時候你是不是一個偉大的投資者，或者你能不能夠戰勝市場，就看在這裡下的判斷了。

目前，這些場景是 IBM 致力的方向，比如說耗費巨資研發的超級電腦華生，不僅有望幫助醫生提高計算能力，進而有望治療癌症，幫助廚師設計同時滿足不同人營養和口味需求的食譜，甚至可以為華爾街那些投資者分析複雜的金融市場趨勢。聽起來感覺還不錯，但是要繼續快速地在轉型路上飛奔，IBM 還應該怎樣解決目前所面臨的問題呢？

中國的資本市場、美國的資本市場，中國的製造業公司、美國的製造業公司都需要「愛迪生」，需要有發明創造——能改變現在的生產效率跟生產方式的。所以上面說的食譜也好、治療癌症也好、分析複雜的金融市場趨勢等這些需求，都是服務。而這個服務是它過去 20 年來已經不斷在用的，就是徹底賣給聯想 PC 業務之前的 10 年已經在轉了。跟聯想交易那次是個標誌，這 10 年轉得很好，日子很好過，但是又面臨這個關口的時候，可能需要力度更大的發明。得把它的 IBM 精神發揮出來，把四五十年前真正開創電腦世界、打造硬體王國的魄力拿出來，可能才能解決問題。光是在靠服務的小打小鬧，或者服務方面的小更新、微創新，是解決不了現在的困境的。

那麼，IBM 還能夠再度起舞嗎？我覺得謹慎樂觀。它已經是所有互聯網公司包括美國的科技公司中，這半個世紀以來賣相最好、最有潛力的一家。如果它都轉不了，可能其他公司就更不可能轉了。從這個角度講，還沒有看到它有具體清晰的路數，包括雲端計算等其實都是年輕人玩的事。它還是要做回自己，「以正合、以奇勝」，就是堂堂正正的美國企業要去做的開拓事務、要去做的改變，這可能更合適一點。而其他那些 Facebook 的年輕人能做的、蘋果能做的、亞馬遜能做的事情，IBM 可能不一定要去跟它們拚，IBM 要去做更難的事。它的規模跟系統，包括它的人才組織，是可以做這個事的。比

如惠普，我們從來不會希望它幹這些事，因為它從來就不是這種「正規軍」，不適合打這種決定性戰役。從這個角度看，IBM 還是有潛力的。

它還是要重新回到原來的起點，再次出發。IBM 內部已經有各種業務，它只是在裡面取捨。它當年切掉了硬體，切掉了軟體，現在服務再續，它慢慢做完減法之後，能做的事情就非常清楚。而且它裡面現成就會有東西、有這樣的業務可做。IBM 現在需要的是做減法，比如有 38 萬員工，如果能減成 8 萬員工，它未來會是一個很有競爭力的公司。

分拆「恐龍」——惠普

2015 年以來，越來越多的企業業績下滑，而這些企業往往都是行業巨頭，或者說業績下滑對它們而言是一件不可思議的事情。比方說惠普公司，作為 PC、印表機、伺服器領域的科技巨頭，如今也走進了業績持續下滑的通道。惠普公司公布的 2015 年第三季度財務報表顯示，其營業收入和淨利潤雙雙同比出現下滑。這也是在過去四個財年當中，惠普營業收入第 15 次同比下滑。

惠普公司曾經創造過輝煌的歷史，在當時的科技世界裡占據著重要的位置，用個不太恰當但是幫助大家思考的比喻，惠普相當於今天的蘋果。惠普的車庫文化曾經鼓舞了整個美國科技界跟矽谷文化界，包括後來的 Facebook 等都有惠普當年成長的影子。當年惠普有很好的企業文化：由小到大，從無到有，有很多創新、很多發明。它特別在硬體方面頗有建樹，包括印表機，當年中國有一款叫做 P6 的印表機風靡大江南北，跟流行曲一樣，中小企業裡面家家都用。

惠普在硬體方面，包括筆記型電腦、印表機這一塊有很多的創新，很適合商用。舉個例子，香奈兒發明了「A」字小黑裙，讓所有的職場女性著裝多了一個選擇。而惠普的硬體就相當於 1970～80 年代所有的科技應用的先鋒，科技的商務應用變得好用就是由惠普開創的。在很久以前，惠普的產品是代表領先、代表很有創意的東西，Nokia 提出科技以人為本都是後面很久的事，所以我們看到，那個時候它的硬體市場很好，還能把康柏收購下來，當時的惠普如日中天。

但是惠普現在的情況可以用「淒涼」這個詞形容，四個財年 16 個財務季裡面，有 15 次同比下滑，比以前回落了 20%～30%。這對於科技巨頭來說可能都不能叫不可思議，甚至叫做不能接受。這樣的規模出現持續下滑，意味著市場對它們已經開始有點絕望。

惠普公司盈利持續下降，隨之而來就是裁員風波。惠普裁員計劃從 2012 年開始啟動，現在規模進一步擴大，近日惠普公司的首席財務官宣布公司再

裁員 5%，就是說裁員規模超過 5.5 萬人。大公司一旦業績下滑，首先想到的就是裁員。這是他們的一個標準動作，這個標準動作也對，也不對。說它對是因為首先把業績弄上去挺辛苦，但是直接減少人力成本、減少投入，是管理型、官僚型 CEO 首先做的事，效果立竿見影。但長遠來講，裁員不解決根本問題，對於這樣一個科技公司來講，首先要解決的問題是成長，不長就會掉。對它來講，裁員只是解決它成本的問題，但是解決不了增長的問題。所以裁員與擺脫困境有必然聯繫，但這個必然聯繫是低層次的，長遠來講靠裁員應對危機是不對的。但是資本市場有時候也很短視，只要財務報表好看。比如說基金經理覺得 CEO 至少在做事，或者做一些他們認可的事，他會比較喜歡，但事實上這對於一個公司的長遠前途來講未必是好事。

如今，雖然惠普仍然是世界科技巨頭，但其背後是「裁員」，是惠普業績長期疲弱的現實，特別是從 2011 年前任 CEO 李艾科下臺到現任 CEO 惠特曼上臺，再到現在惠普進入一個持續下滑的通道。那麼究竟是什麼導致惠普出現現在這樣一個窘境，管理者是不是要負很大的責任呢？

從目前看，像惠普這種規模的公司出現問題一定是 CEO 或者董事會層面出了問題。因為所有世界級大公司都有一個問題，隨著不斷發展，原始的文化——用我們現在很矯情的一個詞叫「初心」，都會被沖淡，兩位創始人包括他們的後人前幾年在董事會裡面也慢慢邊緣化了。傳統的惠普是個很有人情味的公司，裁員對他們來講是違反企業文化、違反基本價值觀的事，但這些都是小事。很多人覺得，惠普最大的問題是它在併購了康柏之後成為全球最大的筆電硬體生產商時，就沒有了方向。當跑到第一的時候，像博爾特（短跑好手），前面沒有人可以追了，反而就沒了方向。所以惠普有這個問題，在搖擺，結果又遇到市場向移動互聯網轉型，特別是還有女總裁菲奧麗娜風光一時地併購康柏電腦，所有世紀大併購後面都有漫長的消化期。後來惠普 CEO 換成了赫爾德，赫爾德又私生活不太檢點，因為別的事被趕下臺。結果就變成董事會、高階主管之中不斷進行內鬥，誰也不服誰，誰也看不上誰，誰都覺得自己牛。最後，惠普變成一個巨無霸公司，像恐龍一樣遲鈍，腳踩到了一根釘子，反應到大腦要幾十分鐘。公司沒有一個強有力甚至獨裁的頭腦在做決定，這就導致公司的核心產品也好，各個業務也好，都在互相掣肘，

沒有突出的要點。透過這些我們明顯看出，惠普是一個巨型恐龍，但是沒有方向，只在原地踏步。

過去三年來，我們做財經節目通常舉三頭「恐龍」的遲鈍例子，一個是微軟、一個是Nokia，還有一個就是惠普。因為它們這種公司都有這個問題。只要說這幾家公司，把它們舉為一個錯誤例子，肯定不會錯：「你看惠普這麼做，你不效仿它這麼做就行了。」但是有時候變成這麼一個標竿，很絕望。看著一個龐大的公司走向一個錯誤，但是它自己沒有辦法扭轉。

所以說，裁員不能解決問題，裁員只是治標不治本，是不太好的選擇裡面的一種。裁員對於任何一個公司來講都不太有用，世界上沒有哪個公司是靠裁員把自己拯救了的。惠普明顯是規模太大，大到一定程度，由規模經濟變為規模不經濟。在規模效應遞減的時候，裁員有可能幫助縮減規模，但是它必須有自己內生性的生產力，或者有自己發自內部的創造力，這才能解決問題，否則再裁下去也不能解決問題。

解決問題的關鍵是要提升核心競爭力。除了裁員一些常規措施，惠普也採取了一些新的措施，比如2014年10月做出一個大膽決定，宣布將公司一分為二，成為兩家獨立上市公司——惠普公司和惠普企業，分別承接惠普PC和印表機業務，以及企業級業務。那麼，這個拆分計劃能不能扭轉業績下滑的趨勢呢？

我認為，不管能不能扭轉都要這麼做，因為惠普已經是人類商業史上或者互聯網歷史上的一個超大的企業，已經面臨規模不經濟的問題。所有大企業都應該分拆，分拆之後的企業才能有真正的活力。

惠普裡面有很多高人，過去有，現在也有，未來可能還會有。像蘋果的觸控界面，都是賈伯斯在惠普辦公室裡面看見，緊接著連夜趕回家去拉著夥伴們模仿的。惠普內部有很多知識，但是它的體制讓很多人不能夠發揮。在這種情況下，分成兩家獨立上市公司絕對是正確的，而且應該分得更多一點。其實惠普有很多研究，包括大數據、人工智慧，聽上去其他前端公司在做的事，它也在做，而且它在這些方面的人才儲備或者研究方向未必做得很少，但是在一個龐大的，特別是在以賣印表機的人作為主要話語權的氛圍裡，它

飯店餐飲管理

下篇　移動互聯網時代的各種嘗試

沒有機會展現自己另一面的價值。從這個角度來講，惠普公司繼續拆是好事。而且，分拆也不會增加人力、物力成本，除了要招 HR，別的都不需要招。像惠普這種公司人非常多，多到什麼程度呢？我們以前開玩笑說，美國 500 強大公司裡面，砍掉一半人，效率會更高。其實，公司知道肯定有一半是多餘的，但看著好像誰都很努力，好像誰都很勤奮，不知道該砍哪一半人，這是很痛苦的。所有官僚體制公司都有這種毛病。

那麼，惠普如何把握如今的移動互聯時代的機遇，進而扭轉業績持續下滑的局面呢？

第一點是組織架構要成長，在移動互聯網時代，不僅資訊是碎片化，組織也應該這麼變。2015 年 3 月分後，中國有一個很有名的概念叫「互聯網＋」。其實對於惠普公司來講，越是龐大，越要「加」互聯網。惠普的強項其實是硬體，但硬體一拆，生產方面全世界最厲害的是富士康，軟體是微軟的，CPU 是英特爾的，它做的就是一個渠道。我們可以大膽一點講，惠普就是一個組裝機器的國美和蘇寧，所以惠普又一下子回到車庫的本質了。這麼聽上去，惠普並不高大上（高端、大氣、上檔次），或者在互聯網時代甚至就是要被美國的「馬雲」、美國的「雷軍」這群人顛覆超越的對象。所以，對惠普來講，首先是組織架構要成長，我上面說的分拆不是開玩笑，如果把它分成兩個不夠，分成八個、十六個，說不定更有價值。這一群「小惠普」加起來的市值一定比現在的惠普市值大得多。

第二點，惠普必須分拆才能解決官僚的問題。舉個例子，一二十年前做諮詢，很多中國民營企業會告訴你，它們一定能戰勝這一領域的外資對手的理由是，一個部門經理住在中國，不僅薪水要比中國的經理貴，就連老婆、孩子夏天到中國來回的機票都要給他報銷。外資公司一個高級主管的成本可能是中國國內高階主管的 20～30 倍，這樣的競爭力是不能持久的。所以回頭看，過去幾年，所有的外資公司在中國幾乎都被打敗了，不僅如此，他們在本土也會遇到很多小公司、新出現的公司的挑戰。很多企業文化都是老的，老一輩的美國公司跟不上潮流。這也是兩代人的事，特別像這種公司又必須吸引年輕人加入，它要去接納更多不同的企業文化、不同的東西。這對於硬

分拆「恐龍」——惠普

體型公司，無論是惠普，還是戴爾，都很重要。戴爾還私有化了。它前幾年就發現了這個問題，但是戴爾創辦人很年輕，本身還是有很多動力，還有很多商業模式的變化。像中國的聯想也有這個問題，是中國最大的硬體公司，但它的利潤也很薄，遭遇很大的難題，有很多挑戰是世界性的。

在這個情況下，惠普必須做一些選擇，不可能還靠硬體，硬體的好時代已經過去了，必須像馮侖講的，要學會「吃軟飯」，要在別的方面進行變革。但是像這種公司包括國際五百強或者五十強、頭十強，是做不了服務的，因為高階主管拿慣了高薪，習慣了開會，每個事情後面有無數個助理，每一個流程有多少人蓋章，都是電子郵件的文化，讓它做服務，對它來講還不如退休。所以這種公司必須做的就是分拆，像任正非講的，讓一線聽到炮火的美國年輕人去做，我覺得可能會好一點。但是美國商業文化又有一個好處，它的新陳代謝很快，老的官僚或者老一輩 CEO 淘汰率很高，這方面我倒覺得不用替它擔心。我覺得它一直拆下去，一定有未來。而且美國資本市場也是快速反應的。它很快，比如換了新的人、新的業務以後，會給出另外的估值。所有美國的硬體公司都需要有這麼一個過程。

目前，在網路設備市場上，思科是領導者，在伺服器儲存市場上，聯想和戴爾都在擴大它們自身的市場份額，惠普的前景則並不太明朗。而在軟體業務上，惠普的規模仍然很小，而且面臨甲骨文等一些企業的擠壓。在這樣一個時代當中，惠普看上去是前無去路了，但其實它真正可以做的事，一個是分拆，一個是鼓勵內部創業，把內部新一輩人的創新創意都激發起來，變成惠普控股，不斷投資年輕人。說白了，剛才說的事它都不能做了，現在再做也來不及了，不如利用它的技術，利用它作為一個平臺，去孵化出更多的東西。像聯想有一個聯想投資就是這樣，惠普甚至以後可以把技術跟農業結合、跟廣播結合、跟圖書結合，徹底不做伺服器，或者不再單純做伺服器，而是做產業平臺。這還是有機會的，也是未來發展的方向。

三星手機為何遭遇滑鐵盧

說到三星手機，大家很熟悉，身邊很多朋友正在使用。不過，它儘管占據智慧手機出貨量的頭把交椅，但已經顯露出了疲態。2015年季報顯示，三星公司的手機業務利潤在2015年二季度狂降到了四成。一年前，手機業務是三星盤子裡面最強大的吸金器，如今這個手機巨頭卻在二季度出現業績下滑。

這是為什麼呢？第一，之前蘋果手機的螢幕小，而三星手機靠大螢幕吸引了很多女性用戶。現在庫克也推出了大螢幕手機，兩者價格差不多，但蘋果的用戶體驗明顯比三星強，iPhone 6出來就搶了三星的用戶。第二，三星推出的新品很多，但是沒有得到市場的認可，可以說浪花沒怎麼出現就被抹掉了。第三，曲面螢幕的生產難度比較大，當時三星為了搶市場，可能沒做完就推出來。推出來後，一開始市場需要的時候，三星供貨不足，市場的興奮點很快就轉移了，這個情況下問題比較大。最重要的一個原因是中國用戶2015年瘋狂地愛上了中國品牌手機，因為同等價位，三星手機跟中國品牌手機比起來明顯沒有優勢，很多中國品牌智慧手機售價不到兩千元，而類似規格的三星產品起碼要三千元起。而且小米或者其他國產手機廠商，在使價格保持優勢的同時，也在軟體上比方說Android系統，不斷提升自己。在這方面，三星也做了相應的努力，但效果確實不好。只能這麼說，中國人研究手機操作系統已經到了登峰造極的程度，不是水準好壞高低的問題，是太多人熱衷這些ROM（唯讀記憶體）的開發。韓國人、日本人在這方面沒有我們這麼愛好跟沉迷，也沒有那麼多粉絲。

三星能在這麼多年的激烈競爭中取得發展，還取得一些傲人業績，都是依賴於智慧手機，但是「成也智慧手機，敗也智慧手機」。三星二季度推出的新品Galaxy S6沒有被市場認可，成為其遭遇滑鐵盧的原因之一。

拿破崙在1815年滑鐵盧是第二次失敗，他之前1814年已經被打敗過一次，1815年滑鐵盧是從此徹底沒有機會翻身。三星其實在S6推出之前，有大概一年到一年半的時間，新品已經被追著打，被中國品牌手機圍繞，被蘋果擠壓。這次S6只是徹底證明，它的產品戰略或者宣傳戰略已經告一段落。

手機一般很少用低效率的推廣方式，包括中國品牌手機都是互聯網營銷、社會化營銷，蘋果就更多了。前幾年，三星手機明顯跟其他品牌的推廣不一樣，不一樣的話有好處，那個時候能把人群吸引住。但是一旦情況變化到了一定程度，到了 S6，這一招徹底失靈，它可能帶來滅頂之災。我們也看到它現在基本上沒有還手之力，市場份額一直在下降，甚至想不出有什麼辦法扼住智慧手機下滑的趨勢。這是手機的可怕之處，一旦被大家拋棄，可能沒有重新起來的機會。

我們一直開玩笑說三星手機比中國品牌手機還要土豪，打公車站廣告，打地鐵廣告。但是，所有互聯網產品或者智慧產品，用這種反網路時代、反人群的推廣方式都是不太成功的。三星手機在這方面對中國消費者的把握程度明顯不到位。它還不如洗衣粉、洗衣精和一些飲品，人家還會贊助音樂產品。當然三星也會贊助一個歌手，但現在這個時代，贊助一個女歌手跟贊助一百個古靈精怪的戴著面具的歌手比賽的影響力完全不能相比。可見，三星手機在中國市場的整個品牌推廣都有嚴重的缺憾。

現在放眼全球智慧手機市場，二季度除了蘋果手機高於市場預期之外，像 SONY、LG、黑莓、HTC 等一些國際大牌手機廠家的日子都不好過，三星手機還是他們裡面最後一個陷入悲劇命運的。黑莓兩三年前被蘋果徹底輾壓，本來是加拿大國寶企業，現在是加拿大企業大敗局的經典案例，連加拿大人也不信它能復活。HTC 的別名叫「火腿腸」，很多個季度都沒有出現好產品了。雖然掌門人不斷說我們要奮發、要努力，但是互聯網時代不相信這些臺詞。所以它越奮發、越努力，虧損就越嚴重。LG 上季度賣出 810 萬部，已經是有史以來最好的，但是也賺不到錢。季報顯示，LG 賣出一部智慧手機只能賺 1.2 美分，基本上跟虧損沒兩樣，不是說真賣一臺手機的時候只能賺那麼多錢，而是固定成本太高，已經把所有利潤攤掉了。許多國際大品牌手機都有這個問題，不管研發還是銷售，都陷入這種高成本、低收益的怪圈。SONY 也是這種問題，這些國際大牌手機在中國已經沒有什麼招了。目前看，三星也會重蹈他們的覆轍。

飯店餐飲管理

下篇　移動互聯網時代的各種嘗試

可以這麼說，智慧手機現在進入了一個危險時代。現在關鍵是寡頭自己都很不安，像蘋果這樣 19 倍市盈率的品牌都這樣，財報公布的那一天，股價大跌，單日跌去了相當於三個小米的市值。智慧手機已經變成一個危險遊戲，就像大家在一個賭桌上沒有贏家，只是誰輸得更快，誰輸得更多。因為智慧手機市場出現了問題。第一，智慧手機的變化太快，這個快是相對的快，很多時候是消費者心理預期變化快。其實消費者根本不需要一部比自己手上的快很多的手機，但是每個廠家都在說自己有更好的，就把消費者期待值抬高了。同樣，智慧手機的廠商之間也在做這個事，比方某公司說「我不僅不賺錢，還要倒貼給消費者」。遊戲規則就像當年家電大戰一樣，賣一個幾千塊錢的家電賺一兩毛錢。智慧手機接下來就變成沒有贏家，包括蘋果都會很惶恐，因為不知道哪一天突然就出現一個對手，而且對手也不賺錢，甚至對手不一定是做手機的，像現在董明珠都在做手機了，任何人現在都能做手機。這不是因為做手機的門檻很低，其實是製造門檻很高，但心理門檻很低。這個情況下，每個人需要的手機就是一臺到兩臺，尤其是中國市場是全世界競爭最激烈的，沒有人能夠輕鬆，每個人都像是脖子上套了一個絞索。中國品牌手機現在也是這個問題，競爭也一樣到了「血拚」的階段，而且不知道哪一天銷售額就「嘩」一下掉下來了。

在高端智慧手機市場，三星手機敗給了蘋果智慧手機。它要打翻身仗，似乎只有兩條路擺在面前。要麼繼續在高端智慧手機市場跟蘋果手機硬碰硬，要麼就去中低端智慧手機市場進行重新布局。一般來說，為了能夠「狙擊」蘋果、取得消費者的關注，通常三星手機都在蘋果九月新品發表會之前會推出它的某款旗艦手機，但這並不是很好的競爭策略，從 iPhone 6 跟 6plus 出現之後，這個辦法已經很危險了。舉例來說，上一次輸給了 iPhone 6，然後 iPhone 6plus 出來，三星再跳出來，豈不是找打。消費者預期已經被根本性地改變了。所以，三星可能進行降價，講究 CP 值，不強調自己的東西比蘋果好，價格占到蘋果價格的 2/3 甚至一半，用起來感覺和它一樣。這樣，三星就能打動一部分對價格敏感的人，也能打動那些本來要等待蘋果新款出來的用戶。只是三星的產品得酷一點，得有一些能夠直接打動消費者的「殺手級」應用，不過它好像從來沒有這個基因。

那麼，未來三星會重新考慮布局嗎？會不會繼續降價呢？其實，三星智慧手機一直是賺錢的，比起上面講的已經犧牲了的「先烈們」，它的日子已經比較好過了。事實上，高端市場從來都是好看不好用，這已經有過相當一段時間，我覺得再往下可能性不太大。三星如果比較務實的話，利用它的品牌勢能再往下壓還是有道理的。前一陣子某個品牌說中低端千元機價格低至699元，最低端的價格低至299元，這個角度上還是有招數可用的。而且三星這麼大的盤子，如果再有市場還是可以從產業鏈整合裡面得到利潤。所以三星手機還有迴旋餘地，有這麼多分銷商、渠道商，還有曾經有過的輝煌，迅速做一些產品跟定位上的調整，還是有機會的。現在很難讓大家再跟十幾年前一樣，買一個手機會讓大家覺得有很多驚喜，超出預期，現在消費者心理預期越來越高。那個時候時間過得比較慢，那時候股票一千點可以跌一年，現在大概就是一兩個星期的時間。而且特別是智慧手機發表會的頻率跟新品發表頻率，已經比A股上市、新股發行還快。從這個角度講，高度刺激其實讓手機用戶對手機的惰性或者麻木程度已經比A股股民被套幾個跌停板還要深。手機用戶已經被高度寵壞，不對它有高度刺激感，已經不會有反應。這個情況下，三星只能咬著牙，繼續陪著大家把這個遊戲玩下去。

有人擔心，三星會不會成為第二個Nokia或者第二個摩托羅拉。其實，如果僅僅是手機本身，確實危險性很大，因為手機一旦過了巔峰，進入下降趨勢之後很難挽回。好在三星是一個大的集團，其本身有一系列產業鏈布局，包括液晶螢幕、製造業等。它不僅僅靠渠道跟品牌，而且又是韓國電子產業最後的一個堡壘，製作研發都有它的核心競爭力。從這個角度講，三星可能比中國小米或者魅族這種公司有累積得多。說白了，它這一塊根基很深。現在智慧手機方面暫時遇到一個大的壓力，未必表明它不能做。其實有一個企業可以對比，就是英特爾，它一開始不做中央處理器（CPU）而是做很多事，後來被重重圍堵，最後一著急、斷臂求生，就只做CPU。三星在市場還有一定的生存空間，跟難兄難弟相比還有優勢，完全悄無聲息退出的可能性比較小，更有可能轉化為另外一種形式跟手機合作，包括現在蘋果A9處理器也是它研發的。它可能從此不再是別的手機品牌的直接競爭對手，而是轉為合作夥伴。現在有「Intel inside」，過兩年可能會出現小米手機上有「三星

inside」，我覺得這樣對它來講其實是一個好事，就可以永遠生存下去，像高通提供晶片一樣，少花很多打廣告的錢。

▍全球餐飲巨頭百勝集團在中國業績下滑

在中國，提起肯德基、必勝客，很多朋友想到的是用餐者絡繹不絕，甚至必勝客門口還常出現排隊的現象。可是，肯德基和必勝客川流不息的客流卻無法掩蓋一個事實，那就是它們的母公司百勝餐飲集團業績連續下滑，而業績下滑最大的拖累則來自中國區。顯然，百勝餐飲集團正在經歷著叫好不叫座的煩惱。

一提到百勝餐飲集團，可能有些朋友還要在腦海裡面回想一下，怎麼沒聽說過，事實上我們常見的肯德基、必勝客、小肥羊等這些品牌，都是百勝餐飲集團的。百勝餐飲集團是全球餐飲巨頭，商業歷史上整合其他品牌最成功的就是百勝。但是百勝與蘋果、Nokia 或者惠普不同，沒有不斷地開新聞發表會，總公司也不找形象代言人。所以，大家知道百勝的子品牌、「孫品牌」，知道它的「兒子」、「孫子」，但是對於「老爹」，大家不太注意。事實上，百勝在全球110多個國家和地區有3.5萬家連鎖餐廳、100多萬員工。大家都知道的那些不是特別高檔的連鎖餐廳，基本上都是它的。從這個角度上講，百勝公司是一個隱形冠軍，大家並不知道，但是人們日常看到的很多東西都跟它有關。

百勝旗下的肯德基、必勝客在中國算是門庭若市，但是門庭若市也難掩百勝餐飲集團中國區業績下滑的事實。為什麼中國區業績不太好呢？2015年10月百勝集團的一次電話會議上，其高級主管作財務報告的時候也提到了，第一點原因是中國人的消費習慣發生了變化；第二點是經濟大環境的滑落。所謂的消費習慣變化是，現在外賣很多，比如各種各樣的「互聯網＋」餐廳，嚴重衝擊了必勝客、肯德基這種需要到現場消費的品牌。就是說，消費情景的人在減少，這對大餐廳沒有什麼影響，因為高檔餐廳人們可能一年只去幾次，但是中低檔連鎖餐廳明顯受到影響，人們去中低檔連鎖餐廳的頻率明顯減少了。這比整體經濟增長放緩對於百勝的打擊更大。說白了，餐飲業就是「苦大仇深」的行業，大家都不知道百勝的名字，說明它不花錢做母公司品牌的廣告，因為一花錢就對盈利有壓力。餐飲行業跟別的行業不一樣，餐飲特別是連鎖餐飲就是「出大力、流大汗」，對成本和收益都極其敏感。

飯店餐飲管理

下篇　移動互聯網時代的各種嘗試

每一次經濟波動，餐飲行業都是最敏感的。百勝集團在中國區的業績是中國經濟晴雨表的典型表現，比股市還要直接，也更有說服力。

百勝餐飲集團首席財務官帕特‧格里斯莫說，必勝客中國連鎖店的同店銷售在 2015 年 9 月分下降了 3%，這代表著一種重大的意外，是我們在 8 月分沒有料到的。面對基金經理的質疑，百勝的 CEO、財務官很坦誠，說願意對業績下滑負全部責任。這看出餐飲業巨頭跟 IT、建築業或者金融業等完全不一樣，「很老實」。因為餐飲生意沒有太多花俏，沒有太多財務上的技巧可施展，沒有太多資本運作的故事可說。除了麥當勞，百勝基本上把其他能合併的都已經合併完了，在行業內已經遙遙領先。這個時候，特別是它對中國區同店銷售增長下滑負責的坦言，我覺得這是一個很理性跟很負責任的態度。

過去五年，中國市場都是百勝餐飲集團業績的增長動力，但如今隨著去必勝客就餐的人不比昔日了，公司壓力也不斷增加。2015 年 7 月分公布的第二季財報顯示，百勝集團中國區同店銷售已經連續下跌 4 個季度。作為百勝餐飲集團最重要的市場之一，中國區銷售的下滑對百勝餐飲影響非常大。百勝餐飲由於中國業務疲弱而調降財測，第二天公司股價一度重挫 19.3%，幾乎是 A 股 10%漲跌幅限制的一倍。對於華爾街來講，任何一個公司連續下跌幾個季度，他們都受不了，覺得這個公司要完了，跟著就拋股票。這也是百勝股價當天跌 18%的原因。另外，現在對於所有國際公司來講，中國區銷售數字就是它的指標，總業績好不好就看中國區的銷售好不好。百勝自己說，它在全球現在只有中國市場、印度市場跟全球市場，把中國市場和印度市場之外的其他部分叫做「全球市場」。對於百勝來講，能夠把印度市場或者中國市場穩住就是最大的利多，因為全球市場經濟本身就在一個平緩區間，上下幅度不大，真正漲也靠中國區，跌也靠中國區。這麼一來，中國市場壓力特別大。比如說 2015 年第三季度，百勝中國對公司總體營收的貢獻已經占到 57%，說明百勝在全世界其他地方加起來也就是 40%多的市場，算上印度。而在全公司 6.3 億美元的營業利潤裡面，中國貢獻占了 54%，等於全球餐飲老大有 54%的錢是靠中國賺的，可見中國市場對它的影響力有多大。

有人好奇，肯德基、必勝客等西式速食在中國已經發展很多年了，中國區業務的下滑到底是怎麼形成的，直接或者間接的原因是什麼？是他們公司管理出了問題，制定策略方向出了問題，還是整個消費環境導致這個事情的發生？

其實，這幾個方面都有。比如，必勝客連鎖業務犯了錯，向消費者提供高價牛排，很不幸我也吃過，沒吃出來高價好在哪兒，還不如吃個普通的東西。它可能在菜單上有一些創新，但是創新沒有獲得中國消費者的認同，這是一個很關鍵的事。百勝集團CEO說未來要做好幾個工作，比如品牌定位、產品，還有破壞性的價格，破壞性的價格就是低價，就是本來賣30元現在賣25元，這在線下實體已經是很大的折扣了，不能跟網路上比——30塊錢不但打折還包配送。還包括它對數位社交也要提升，還要提供超越體驗的客戶體驗。

百勝是一個很傳統的公司，但是現在說的全是互聯網語言，從中也能看出來，公司腦子很活，知道中國年輕的消費者在想什麼。因為百勝面對的就是偏年輕的人群，要爭取他們，就要找年輕人的關注點，之前肯定是沒找對。而且，這群人總在變，前幾天還在看《偽裝者》，這幾天就在看《琅琊榜》，商家得不斷跟上他們的節奏。所以，現在在中國做第三產業、做服務業很痛苦，因為你永遠不知道下週這群年輕人喜歡什麼。

現在的消費者一方面對嘗試新東西的動力很強，另外一方面，其他各種行業，尤其是跨界的，我們稱之為「降維打擊」的，包括飲食業的外賣、團購網站，給年輕人的消費習慣帶來很大的變化。連百度也扔了兩百億到這個市場裡，阿里巴巴、騰訊也都在往裡面注資，等於重兵投入。本來是傳統餐飲，肯德基只需要跟麥當勞競爭，結果是它跟麥當勞一起面對一群闖進來的「野蠻人」，而且這群「野蠻人」兵精糧足，武器先進。這對於它們來講是很痛苦的事。

從這裡也能看出來，西式速食有一些變化，包括百勝在2015年第三季度的電話會議上講的五點。這五點簡單說就是低價而且要感覺好，要創造真正的CP值。這比以前要聰明，以前講品牌，現在大家發現這些不夠，要讓

飯店餐飲管理
下篇　移動互聯網時代的各種嘗試

消費者願意路過你的店、走進你的店，走進來後還要消費，必須把傳統的內功給用上來。百勝做這個行業這麼多年，整合這麼多品牌，每個品牌的優勢有哪些，這不能藏著掖著，說白了就得圖窮匕見，要把吃奶的力氣都用出來。

人們開玩笑說，餐飲業是很苦的行業，也就比傳統製造業強一點。企業傳奇裡面很少有餐飲業的事。中國曾有一兩家所謂的餐廳，本來想上市，後來很快出事了。餐飲業會出八卦，但是出不了偉大的公司，也很難聽說有多少價值觀輸出，沒聽說過哪家餐廳改變了世界。有關的故事也就是當年賈伯斯講的，「你願意賣糖水還是願意改變世界」，就把當時的百事可樂總裁約翰‧史考利給「拐走」了。所以對於餐飲業來講，移動互聯網時代是很長期的考驗，可能不只是一個季度、兩個季度。

不過，我覺得百勝是有反攻的招數的。餐飲業跟別的行業不一樣，不像手機品牌徹底毀滅就毀滅了。餐飲固定的消費量還是在的，無非是消費者上網點餐多一點，線下消費少一點，但是消費總量沒有改變。百勝比別的餐飲企業要大，現在它能夠用低價和高CP值去競爭。它擠壓的不是線上的那批人，是擠壓比它更弱小的一群人。就跟民間故事說的一樣，來了老虎，我只要跑得比你快，老虎就吃你不吃我。而且百勝集團CEO對中國區的CEO寄予厚望，中國區CEO做得好，肯定能接他的班，事實上所有巨無霸公司，中國公司CEO只要做得好，一定能當全球老總。這些人只要把一件事情在中國做到最大，一定是全世界最大。從這個角度講，所有技術難題對百勝來講都存在，但是他們內部有可能消化掉，而且有可能解決。

百勝中國區的業績不太理想，那麼其他國家市場的戰績又怎麼樣呢？

百勝的執行長說，中國部門復甦步伐低於預期，但是中國以外地區，Taco Bell、肯德基這兩個其手下著名的牌子繼續延續增長勢頭，必勝客基本持平。為什麼呢？不是因為它們在外面做得很好，只是因為在外面遇到的對手沒那麼強勁。現在中國的消費市場，甚至中國的年輕人市場是世界上最難做的市場，已經到了「拚刺刀」的地步。我們開玩笑說，現在已經有外國邀請中國外賣公司跟團購網站去那邊開業，這樣很恐怖，到時候外國的傳統公司很快就會覺得經驗不夠，要到中國取經：「你們是怎麼應對中國野蠻的團

購網站跟外賣網站的?」這也有可能。這麼說,中國市場已經是全球最領先、最複雜的市場,外面的經驗作用不是特別大,更多的還要靠怎麼在中國本土化,消化這些東西。

面對如今這種局面,有分析師建議這家公司拆分中國業務,還有一些人呼籲百勝餐飲放緩在中國開新店的速度,並且把當地現有的門市出售給加盟商,這樣能提升百勝的餐飲業績嗎?

其實,這都屬於外面替它瞎操心,有點瞎出主意的意味。別的公司尤其是越大的互聯網公司、IT公司,我都主張分拆,但是像餐飲這麼傳統的行業,其實拆不拆,意義不是特別大,中國市場已經占了百勝業務的半壁江山,它分拆了,中國公司很好看,母公司業績就很難看了,所以未必需要做這件事。至於延緩在中國開新店的速度,這個建議更加不對,因為對於餐飲業來講,不管生意好不好都要布點,永遠占領,永遠在你家旁邊,這才是他們的安身立命之法。至於把當地門市出售給加盟商,那就是中國人做的。攤薄、失去控制這類事,百勝這種水準的公司也不能做。所以他們繼續按照自己的方法做就挺好。

足協單飛，中國足球有望活出真我

2015年8月，足協和體育總局脫鉤了，足球界呼籲二十多年的「管辦分離」終於要變成現實了。對於這樣一個事件，有業內人士說，無論肉體上怎麼脫離，更多的人還是要和這個足球有關。確實，目前來看，未來四年到五年，中國足球產業可能會迎來更快的發展，而中國的足球產業投資者和相關企業同樣也需要足球人才。

2014年下半年，我參加了一個很大的機構組織的對於足球體制改革的方案設計。當時大家提出很多問題，好多東西似乎是不可能解決的，比如，我們是辦校園足球還是辦競技體育，是用精英制還是用普選制等，反正有很多爭論。當時大家還在擔心：如果我們要做，哪裡找這麼多教練？跟著又提出一個問題：到底為什麼哥斯大黎加才三百萬人，才三萬人踢足球，卻能踢進世界盃？當時有很多爭論、很多不一樣的看法，沒有達成共識。現在回頭看過去，一年來萬達和阿里巴巴這兩家的動作就很清楚了。萬達收購了瑞士盈方，盈方是布拉特的一個關係公司，雖然其強項是冰雪運動，但是在足球領域、國際足聯方面也有很大的影響力。還有萬達投資了樂視體育，入股了馬德里競技，馬德里競技是西班牙的一個非常有潛力的豪門。而淘寶恆大則想了很多像各種區域聯賽、超級聯賽等方法。從這裡我們可以看出來，中國的體育產業只有兩種，一種叫足球產業，一種叫非足球產業。所有非足球產業加起來，可能還不如足球產業熱。但是，足球產業單飛只是所謂的必要不充分條件，不是說足球產業單飛了就一定能行。大家呼籲單飛，是因為有兩個坐標，一個是全世界的足協幾乎都是民營的。在中國足協單飛之前，還有另外一個國家有單飛的問題，就是俄羅斯。俄羅斯的足協也是歸俄羅斯運動總局管的，但是前幾年在普丁的推動下，俄羅斯的冰球跟足球脫離了體育總局，結果俄羅斯後來就申辦了世界盃。2014年的世界盃俄羅斯打得還可以，不能說很好，俄羅斯也請了很多洋將。就目前來講，中國是第二個有足協又有體育總局的國家。所以，足協這次擺脫了體育總局，對大家來講真正缺少的除了體制，還有很多足球人才，不管是裁判、球員，還是其他圍繞這個足球產

業的人。這種缺乏人才的現狀跟足球現在的熱鬧形成一個巨大的反差。目前該領域人才缺口很大，年輕人找工作可以在這裡面想想辦法。

　　早在 2009 年，中國的相關部門就對其足球產業鏈條進行了多次國內外調查研究。2014 年 10 月，中國國務院印發了相關意見，足球產業無疑是體育產業當中的一個重頭。有分析人士說，這次中國足球協會調整改革方案的公布，也是給投資者指明了一個投資方向。足協單飛肯定會對中國足球產業產生一些非常大的影響，於是就會有一些投資者受到足球領域「有利可圖」帶來的吸引，或者認為它也是一個很好的資本運作機會，或者以其他一些方式進入這一塊。因為大家都知道足球產業很大，也知道這個產業還很落後，也覺得裡面有很多機會。但是機會到底怎麼抓，特別是我們看到前一批進來的房地產商都沒有賺錢便紛紛出去了，現在輪到互聯網公司來接盤。這裡面的整個遊戲規則或者是遊戲的得失還比較微妙。這個方案我覺得比較可靠、到位的是鼓勵地方政府創造條件，引導一批優秀俱樂部在足球基礎好、足球發展有代表性和示範性的城市裡面留下來，這就避免俱樂部隨著投資者的變更而不斷走來走去，更不要說改名了。說這個方案比較到位，是因為所有的足球一定是本地化的。很難想像一個城市的球迷不支持自己城市的足球隊。不過，有兩支、三支足球隊另說，球隊多就打得更激烈。從這個角度來講，地方政府創造條件，可能是因為足球產業比其他產業效果更明顯。因為它需要足球場，需要配套的東西，需要對外交流。可能球迷都不會知道，我們以前邀請一個外國的足球俱樂部來中國比賽，其實是有一套程序的。足協單飛之後，它自己就能辦這個事，就不用再去求體育總局了。還有，方案裡面還鼓勵地方政府以場館入股俱樂部，這樣其實也是幫助俱樂部，而且幫助不那麼短期化、不那麼急功近利，要給它一些反哺。這是比較理性的東西，說白了，足球也好，其他體育產業也好，都不是今天扔錢，明天或者明年就能夠有一個超額回報的。它需要一個養成週期，著急不得。日本的職業足球搞了五十年，女足拿了世界盃冠軍，男足還是被人家打得滿地找牙，男足很想拿世界盃冠軍，結果一上去還是不行。但是，日本把整個聯賽建起來，把整個制度建起來，把整個足球人才培養起來了。所以我覺得，方案裡面特別提到的「打造百年俱樂部」還是比較實在的事。

飯店餐飲管理

下篇　移動互聯網時代的各種嘗試

中國足球商業化、掙脫了最後一根風箏線之後，成效怎麼樣還得靠時間來檢驗。儘管中國足球讓不少球迷又愛又恨，但是一些商業精英早已經在足球產業進行了布局，比方說前面提到的萬達。中國足球單飛讓不少朋友對足球產業充滿期待。那麼，就現在的時間點而言，中國足球產業的整個規模怎麼樣呢？

整個足球產業的規模應該說基礎很弱，但是未來的想像力跟空間無限。拿最簡單的一點來說，中國球迷按照保守統計超過 3 億，假如有世界盃或者中國隊的決賽，或者其他重要比賽，我覺得這個數量會瞬間放大到 6 億，也就是說中國至少還有 3 億的準球迷隨時能加入，所以球迷支持著一個龐大的產業鏈條。這個鏈條中，從俱樂部的經營、看比賽，甚至上網，到對自己喜歡和不喜歡的球隊表達愛慕或者憤恨之言，還包括對青少年的培養，都形成很大的市場。所以有一個說法是足球產業的市場規模能達到 8000 億元。在經濟不明朗的情況下，這個行業的規模值得大家期待。

不過，中國的職業足球事業發展道路非常曲折，和國際上領先的足球產業相比，中國的足球產業還存在一些不足。

總有人喜歡拿中國足球與英超聯賽做對比，但是負責任地說，全世界只有一個英超聯賽，而且只有英超聯賽經營得非常好。更多、更理性的人談的是德甲，就是德國的聯賽制度，它是賺錢的。英超的收入很高，但裡面很多球隊是虧損的。英超是典型的選秀制，有點像 NBA，就是買球星，把世界上最紅、最漂亮、最有人氣的球員買過來組成豪華陣容。所以英超裡面對於外援的使用等都是最放鬆的。從整個角度講，英超的玩法是很激進的，包括它對版權經營這類的東西，都是所謂的「把商業化價值挖掘到了令人髮指的地步」，就是說，它已經把商業足球聯賽能賺錢的地方都賺了。但是這裡面存在一個涸澤而漁的問題，它會對這個市場過分透支。相對來講，德甲或者德乙等整體上比較有條理，球隊如果虧本到一定程度，會被降級，所以他們更多要考慮本土青少年的培養。為什麼英格蘭隊被稱為「歐洲的中國隊」，就是因為它的青少年訓練跟不上。好多英格蘭的足球神童放在中國隊也差不多，都是名聲大，實際功能少。而德國的足球聯賽在這方面做得特別好。德國也

是世界上業餘的和職業的俱樂部最多、足球人口最多的國家，它在這方面是有特色的。很多足球聯賽並不一定是足球最大的收入和最大的商業價值所在，而是要把它建立成永續發展的。

另外一個好看的就是西甲，但是西甲最值得看的就是兩支隊——皇家馬德里和巴塞隆那，一個是宇宙隊，一個是銀河隊。我們開玩笑講，現在的西甲分成兩個比賽，一個叫西超聯賽，就是這兩個隊之間的比賽，另一個是剩下十八支球隊爭奪第三名。這兩支球隊的優勢太明顯也會變成一個問題，就是在西班牙，大多數人要麼是巴塞的球迷，要麼是皇家馬德里的球迷，其他俱樂部的日子相對就變得艱難，發展也很難，這對整個足球的發展來講也不是特別健康的事。

至於其他聯賽，像法國、土耳其那樣級別的就更多了，包括俄羅斯聯賽也有點像英超，就是砸錢，好多南美的球員從熱帶到冰天雪地的俄羅斯去踢球。所以，中國足球能學的地方說很多也很多，說很少也很少。與其去學英超或者學西班牙，不如乾脆從日本、韓國的聯賽開始學習，不過日本和韓國的聯賽的商業價值都不太高。從這個角度來講，中國足球產業的整體價值會很高，但是它不代表中超聯賽一定要到膨脹的地步。比如說可能存在這種問題，像英超最大的問題是球員的收入太高，教練的收入太高，等於一大半的錢給了那幾個球星，像貝克漢之類。這是很典型的英超困境，英超球星退役之後，除了做足球比賽的評論員，其他球員好像都不太有好結果，甚至搞到破產。這就是因為球員在職業生涯裡面短期收入太高，完全破壞了足球的正常生態，有點像我們 A 股之中，拉了多少個停板的那種神創板的股票。

從目前看，英超未必是值得中國足球學習的方向，當然我們也學不到。中國足球產業化面對的不足是很多的，比如梯隊建設、俱樂部建設、裁判、足球研究人員等方面都存在問題，甚至像我們這些不是從事足球產業的人有時候也被拉來當顧問。有一些大的機構要研究的時候，能夠找到的有視野的專家很少，還得把不同領域的大家組合起來。現在，中國社會對於中國足球關注的緯度還是太單一，就是比賽贏了、輸了，大家是不是罵或者說是不是讚，這是一個比較平面的東西。真正的足球產業發展起來可能是很深、很立

體的，比如一些英國球迷可能喜歡一個俱樂部喜歡一百多年，好幾代人都喜歡這個足球隊，這才是足球產業的真正魅力。總之，足球產業鏈跟足球文化要配置起來，如果球迷到球場還是那幾句國罵的話，也影響整個產業的整體價值。

接下來，中國足球要發展，必須要改變思維。比如說，外面的市場化運作是第一步，要以市場為導向，要讓球迷看了高興，要讓球迷能夠獲得觀賞比賽的價值。另外一點很重要的就是，「管辦分離」可以把一個短期行為變成長期行為。以前足球管理中心的負責人是一個行政官員，他是有任期的，做得好，可能過兩年就調過去了，做得不好，可能被貶掉，或者由一個根本不懂這個行業的人來做。而變成足協一個專職的話，他有可能一直做下去，做 10 年、20 年，而且整個團隊也能系統穩定地做下來。這樣的話，就真真正正像我們說的，中國足球要考慮由娃娃抓起，或者說有一個梯隊建設，整個市場的重建就可以成為現實，而不是一個短期的金牌體制的策略。所以對中國足球產業化來講，更多是補課，先不要學著博爾特去跑，咱們先跑進預選賽、半決賽再說。對於中國足球來說，不能急，越是想賺錢，估計越賺不到。

那麼，普通老百姓能夠為中國足球產業化做點什麼？

其實大家能做的很多。第一要學會欣賞足球，不要太執著於贏一場比賽、輸一場比賽，當然輸太多也不行。事實上，對一些俱樂部特別是願意培養新人的俱樂部，願意創新、改變的俱樂部，我們應該去支持，而不是狹隘地只看幾場比賽的輸贏。同時，整個足球文化特別是足球商業文化建設，也應該與時俱進，得趕上以前的思路。這倒不是文明不文明的問題，就是要把一個足球產業變成一個可以消費的產業，成為一個主流人群消費的產業，比如 100 年前的英國只有工人階級才看足球，100 年後英國的主流社會也把它當成精神生活和文化生活裡面的一部分。

迪士尼的布局與運作

　　這篇文章從一個卡通形象說起，那就是米老鼠，又稱米奇。說起它，大家腦海當中會浮現這樣一個形象，吹著口哨、握著方向盤、穿著標誌性吊帶褲的米老鼠。它已經風靡全球幾十年，深入幾代人的腦海，而且它的東家迪士尼公司也賺足了真金白銀。2015年5月20日，風靡全球的米老鼠和它的夥伴們一起來到上海，落腳上海迪士尼零售旗艦店，這也是全球最大的迪士尼零售旗艦店。迪士尼公司為了表達對中國顧客的厚愛，把開店日期選在了充滿愛意的5月20日這一天，而且開業時間是13點14分，真的是用盡心機。開業當日，門口排起了長長的隊伍，可見大家對迪士尼的愛。對此，有人質疑，花幾百塊錢買迪士尼玩偶，對上海消費者來說就是毛毛雨嗎？

　　迪士尼的產品確實比一般的玩偶貴，比沒有授權的玩偶貴很多，好幾倍。買給兒童的或買給親人的東西，一般的家長願意付出更多的品牌溢價，大家認為迪士尼的產品更安全一點，或者質量更好一點，而且現在隨著大眾心態的變化，大家也願意用正品了。所以迪士尼在中國開了首家正品店，特別是在現場氛圍下，大家排隊排那麼久了，不差那麼一點錢了，這個時候購買也是自然的。

　　有見多識廣的顧客拿了產品做全國比價，一款小的米奇玩偶比日本或者香港的貴二十元左右，大家還會去買。這主要是因為國情心理不一樣，像A股跟H股，A股比H股可能貴20%、30%。在現場特殊環境下，衝動消費是可以理解的，回頭看未必是不驚人的選擇。可能對於小孩來講，這個人生記憶是非常深的，到了現場不買點東西回去有點說不過去，錢花在小孩身上圖一個大平安也是好事。

　　在那種情況下，大家把CP值已經拋到腦後，因為吸引大家的莫過於迪士尼樂園，裡面有古色古香的店鋪。如果走在迪士尼世界當中，碰到一些演員扮成的米老鼠、唐老鴨等，大家會熱烈歡迎。我十年前去香港迪士尼樂園的時候，是去工作的，最後一次作為攝影記者完成這個媒體工作，一開始我對迪士尼的興趣一般，但是後來發現這個樂園還真是有意思。它做得很到位，進去感覺賓至如歸，還有員工發自內心的溝通。那裡的員工不叫員工，叫做

下篇　移動互聯網時代的各種嘗試

演員,把職員休息的地方叫後臺。每個人其實沒拿多少工資,但是迪士尼公司告訴他們,他們是演員,每個人都有表演的舞臺。那時候香港很熱,他們穿著毛絨絨的東西,半個小時下來渾身都是汗,但我能很明顯感覺到,那些職員是愛工作的,與我們其他主題公園不太好看的臉色比,迪士尼的員工對遊客的關愛是深入骨髓的。

迪士尼有很多卡通形象,不僅僅有動畫片,還有大量的真人電影,比如很熱門的《復仇者聯盟2》在中國上映一週,票房達到了10億元,還沒有下映就已經成為2015年中國票房亞軍,很了不起。在北美市場,它的票房更是超越了《玩命關頭7》,成為2015年北美票房冠軍。步步高升的票房讓電影背後的迪士尼公司成為大贏家,那麼,這是不是說迪士尼公司現在主要的盈利點已經換成電影票房了呢？

在2014年可能是,因為2014年迪士尼旗下電影娛樂業務純利潤是17億美元,營業收入是72億美元。迪士尼公司是我們講的在商言商、相關多元化,它在不同的時代,不同的年份,下面幾個業務之間互相有起有伏。比如1980年代,迪士尼樂園收益率最高的時候占總數的比例超過70%。所以它不需要依賴任何一個東西,比如說一定要靠電影或者一定要靠迪士尼樂園,一個比較均衡的比重也是它最成功的地方。雖然每個業務都有起伏的時候,但是幾個業務加起來,就能穩穩做第一,從這個角度講,迪士尼的生意做得非常好。

迪士尼的影視劇作品大獲成功,跟迪士尼對劇本的嚴苛把控和製作高要求密不可分,一個劇本要修改幾十次、上百次,這樣甚至還有被「槍斃」的風險。在這樣嚴格的情況下,我們看到米奇等被觀眾高度認可,使得迪士尼藉機開發衍生品,包括服飾、玩具、出版物還有音樂劇等。縱觀迪士尼運作方式,我們發現迪士尼的商業模式可以簡稱為三個字——賣故事,《復仇者聯盟》、《雷神索爾》、《綠巨人浩克》等電影裡的人物都不是真人,每個人的性格都是透過故事展現的。迪士尼是先找故事,透過故事產生一個人物,根據人物產生動畫,產生電影定理。它利用知識產權進行一個長鏈條通吃,再衍生出專賣店等,這是人類文明史上很理想的模式。它是絕對的輕資產,

不靠工廠，也不靠機器，就靠所謂的創意，跟著實現創意的一個系統組織。這說起來一點都不難，能給人很多夢想，但是做起來很難。

　　上海迪士尼樂園開業之後，意味著中國大陸第一家迪士尼樂園正式誕生了。除了大家去迪士尼樂園更為方便之外，迪士尼樂園肯定對周邊酒店、景區有一定的拉升作用。比如一下子多了交通運輸、酒店、娛樂、會展、出版等相關的上下游產業。開業當天上海機場都漲停了，給上海及周邊地區增加了很大的想像力。有人統計，迪士尼使上海的客流增加了7%左右，這非常可觀。因為對於目前成熟的大城市來講，要找到一個很合理的，或者很有持續性發展的增量很難，辦世博會也好，奧運會也好，都只是幾天。特別是上海談這件事已經談了十幾年，最後這麼慎重進行下來後會給當地帶來深遠的影響，可能會造福二三十年。這非常有價值，因為迪士尼確實很謹慎，在全世界都很少。

　　迪士尼是一家值得尊敬的公司，這份尊敬除了來自經營的收入以外，恐怕更多來自其強大的文化影響力。迪士尼樂園進駐上海之後，上海的文化傳媒業可能也會獲得大幅的發展和提升。因為迪士尼的遊戲規則和它對人才的吸納程度都比以前有大幅度的改變。它可能會給傳媒業帶來巨大的變化，一下子會改變它的生態系統。這裡面會有機會，甚至有很多人會為了跟迪士尼合作而到它附近來，這甚至會影響整個中國國內一些產業人員的流向。

　　迪士尼公司製造了百年傳奇，也製造了很多歡樂，讓很多人著迷。對於中國企業來說，迪士尼身上有很多可以借鑑的地方。第一，迪士尼講歡樂，講正向的東西，謳歌真善美。其實迪士尼的商業發展、併購過程中也帶有很多商業元素，不一定都是這麼光明，但是它拍的電影等東西都是邪不能勝正，展現善良是最好的。它有這種文化，沒有陰謀論，裡面所有的出賣背叛的行為最後都會得到懲罰，不會有太黑暗的渲染，做得不對的人會受到懲罰，受到鞭撻，最後推出的是正向的價值觀。這點是現在很多做文化產業的機構或者作者做不到的，它們可能總是忍不住刺激人類脆弱的地方，把黑暗的地方放大。這樣可能在一段時間內會獲得一定的市場，但是不會走得長遠。中國電影總被人罵，一個原因是不好看，另外一個原因是舊的東西不被大家喜歡。

第二個可借鑑的地方是迪士尼公司對知識產權的保護和重視。迪士尼就是一個強大的經濟人，基本上能把所有的文化創意變現，不管是寫作還是音樂，當然它也分錢，給作者的稿酬還是可以的。某種意義上講，這真正完善了產業鏈，別的商業機構、商業公司和創業者之間是不公平的，或者說沒有找到合適的軌道。這點特別值得中國公司體會和學習。

曾經有人給華特・迪士尼特別高的評價，說他創造的真善美和快樂是永世不朽的，千千萬萬人在他的才華的照耀下，享受到更加光明、快樂的生活。這絕非是溢美之詞，迪士尼世界交織著世界和夢想，沉浸其中的孩子如願以償地進入童話世界，大人則可以重溫舊夢，找尋一下失落的童心。迪士尼公司用了九十年時間名利雙收，中國企業要趕上迪士尼從現在開始大概需要十年的時間。因為十年大約是一代人成長的時間，一代人要換掉一些過往的思維，建立新的價值觀，需要一個新陳代謝的過程，這是不能急的。華特・迪士尼當年創業的時候，也經歷了一段很悲慘、很痛苦的歲月。中國的公司要趕上迪士尼，需要同樣的投入和同樣的沉澱，千萬不能急，越急越做不成。希望中國更多的自有品牌早點崛起，打造類似迪士尼那樣的一個娛樂品牌出來。

迪士尼的布局與運作

國家圖書館出版品預行編目（CIP）資料

互聯網新物種新邏輯 / 陸新之 著 . -- 第一版 . -- 臺北市
：崧燁文化，2019.04

　面；　公分．

ISBN 978-957-681-733-5(平裝)

1. 電子商務 2. 行銷策略

490.29　　　　　　　　　　　　　　　　107023047

書　　名：互聯網新物種新邏輯
作　　者：陸新之 著
發 行 人：黃振庭
出 版 者：崧博出版事業有限公司
發 行 者：崧燁文化事業有限公司
E - m a i l：sonbookservice@gmail.com
粉絲頁：　　　　　網　址：
地　　址：台北市中正區重慶南路一段六十一號八樓 815 室
8F.-815, No.61, Sec. 1, Chongqing S. Rd., Zhongzheng Dist., Taipei City 100, Taiwan (R.O.C.)
電　　話：(02)2370-3310 傳　真：(02) 2370-3210
總 經 銷：紅螞蟻圖書有限公司
地　　址：台北市內湖區舊宗路二段 121 巷 19 號
電　　話:02-2795-3656 傳真:02-2795-4100　網址：
印　　刷：京峯彩色印刷有限公司（京峰數位）

　本書版權為西南財經大學出版社所有授權崧博出版事業股份有限公司獨家發行電子書及繁體書繁體字版。若有其他相關權利及授權需求請與本公司聯繫。

定　　價：250 元
發行日期：2019 年 04 月第一版
◎ 本書以 POD 印製發行

獨家贈品

親愛的讀者歡迎您選購到您喜愛的書,為了感謝您,我們提供了一份禮品,爽讀 app 的電子書無償使用三個月,近萬本書免費提供您享受閱讀的樂趣。

ios 系統	安卓系統	讀者贈品

請先依照自己的手機型號掃描安裝 APP 註冊,再掃描「讀者贈品」,複製優惠碼至 APP 內兌換

優惠碼(兌換期限2025/12/30)
READERKUTRA86NWK

爽讀 APP

- 多元書種、萬卷書籍,電子書飽讀服務引領閱讀新浪潮!
- AI 語音助您閱讀,萬本好書任您挑選
- 領取限時優惠碼,三個月沉浸在書海中
- 固定月費無限暢讀,輕鬆打造專屬閱讀時光

不用留下個人資料,只需行動電話認證,不會有任何騷擾或詐騙電話。